Die Kanalisation für Oppau
in der Rheinpfalz

Von

Dipl.-Ing. **Th. Heyd** Darmstadt

Mit 15 Tafeln

München und Berlin

Druck und Verlag von R. Oldenbourg

1906

INHALT.

Die Kanalisation für Oppau in der Rheinpfalz.

A. Bestehende Verhältnisse.

1. Bevölkerung.

Oppau liegt in der weiten Ebene der Rheinpfalz nord-westlich von Ludwigshafen. Zu Beginn des Jahres 1905 hatte der Ort 3950 Einwohner. Die jährliche Bevölkerungs-zunahme seit 1895 betrug etwa 4 % — eine beträchtliche Wachstumsziffer, welche die Gemeinde in erster Linie dem Zuzug von auswärts beschäftigten Arbeitern verdankt.

Die Sterblichkeit der Bevölkerung war im Mittel seit 1895 jährlich 24 %/00 und ist in den letzten Jahren auf 21 %/00 gesunken.

Als Ursache dieses Rückganges der Sterblichkeitsziffer ist wohl der Zuzug der meist jungen lebenskräftigen Arbeiter anzusehen; alle Umstände sprechen gegen eine Verminderung der Sterblichkeit der eingesessenen Bewohner.

65 % der Gesamtbevölkerung gehören dem Arbeiterstand an. Die übrigen 35 % treiben Ackerbau. Industrie ist im Orte selbst nicht vorhanden.

Fast jede Familie ist im Besitze eines eigenen Häuschens, fast jede nennt ein Stück Garten- und Ackerland ihr Eigen.

2. Voraussichtnahme.

Die Gemeinde ist in lebhaftem Aufschwung begriffen. Das gewaltige Heranwachsen der Stadt Ludwigshafen in der Richtung nach Oppau, der Plan der Stadt Mannheim, grofse Hafenanlagen ganz in der Nähe von Oppau zu er-richten, zwingen dazu, bei der Projektiernng der Kanalisation auf eine grofse Bevölkerungszunahme Rücksicht zu nehmen.

Das heute bebaute Ortsgebiet beträgt 35,5 ha. Auf 1 ha der Gesamtfläche kommen 131 Bewohner. Das in den Kanalisa-tionsplan einbezogene Erweiterungsgebiet umfafst 30 ha Ge-samtfläche. Setzt man für die Besiedelung dieses Gebiets gleiche Bevölkerungsdichte voraus, wie im jetzt bebauten Orts-gebiet, dann bietet diese Neubaufläche für fast 4000 Menschen Platz. Bei dem Zuwachsfaktor der letzten 9 Jahre (4 % jähr-lich) würde die Fläche im Jahre 1922 voll bebaut sein.

Aller Voraussicht nach wird die Bevölkerungszunahme aber noch bedeutender als in den letzten Jahren. Die Er-weiterungsflächen des Bebauungsplans umfassen deshalb auch nicht weniger als 170 ha. Glücklicherweise können fast alle Gebiete dieses Bebauungsplans, welche nicht in das vorliegende Kanalprojekt einbezogen sind, später ganz unabhängig von dem jetzigen Projekt kanalisiert werden. Die Rücksichtnahme auf diese Flächen erfordert keine Vergröfserung der jetzt zu bauenden Kanäle. An Baukosten und Zinsen wird infolge-

dessen ein grofses Kapital erspart. Ehe eine Änderung oder Vergröfserung der jetzt projektierten Hauptkanäle nötig wird, vergehen Jahrzehnte.

3. Bodengestaltung.

Infolge der eigenartigen Bodengestaltung ist die Ent-wässerung des Geländes sehr schwierig. Der Ort liegt fast ganz flach auf etwa + 92,00 m N.N. Nur einzelne Boden-wellen heben sich aus der Ebene heraus. Die höchste steigt inmitten des Ortes auf + 94,00 m N.N. Im Orte und be-sonders an der Peripherie des bebauten Gebietes sind zahl-reiche Muldenbildungen vorhanden, die sich zum Teil bis auf + 91,00 m N.N. absenken.

Etwa 500 m von dem Orte entfernt fällt das Gelände ohne Übergang von etwa + 92,00 m N.N. zu dem Rhein-vorland auf + 90,00 m N.N. ab. Einzelne Bodenwellen des Rheinvorlandes steigen dann wieder bis + 90,80 m N.N. an.

4. Bestehende Entwässerungszustände.

Zwischen dem Rheinvorland und der höher liegenden Ebene zieht ein Graben nach dem Rheine hin, der heute die Vorflut für einen Teil der Regenabflüsse des Ortes ist. Durch einen kreisrunden Kanal von 0,800 m lichter Weite und dem Gefälle 1 : 785 werden dem Graben ein Teil der Strafsen-abflüsse des Ortes zugeleitet. Der Kanal ist so unvortellhaft geführt, das zur Verfügung stehende Gefälle so unsinnig ver-geudet, dafs es nicht möglich ist, seine Leistungsfähigkeit voll auszunutzen, geschweige ihn als Vorflut für die Regen-abflüsse des ganzen Ortes zu gebrauchen.

Die von diesem Kanal nicht aufgenommenen Schmutz- und Regenwässer werden in künstliche Sickerdeiche, in natür-liche Mulden und Flurgräben geleitet. Diese Vorfluter trocknen — bei dem kaum einmal längere Zeit unterbrochenen Zuflufs — selten oder nie aus. Der schlammige Inhalt geht bei warmem Wetter in Fäulnis über, verpestet die Luft, ver-seucht den Boden, vergiftet das Grundwasser.

Die Umgebung eines Sumpfgrabens im Südwesten der Gemeinde ist wegen der Verseuchungsgefahr mit Bauverbot be-legt worden. Die Zustände erheischen eine gründliche Ände-rung. Nur eine systematische Kanalisation des ganzen Ortes kann Besserung bringen.

5. Wasserversorgung.

Die Bewohner entnehmen das Trink- und Brauchwasser den vielen Privatbrunnen, die durch einen sehr reichen Grund-wasserstrom, der mit geringem Gefälle nach dem Rheine zieht, gespeist werden. Der Grundwasserspiegel liegt kaum

2

4 m unter dem Gelände. Bei dieser geringen Tiefe ist stets die Gefahr vorhanden, daß die Brunnen durch die versickerten Schmutzwässer verseuchen.

Die projektierte zentrale Wasserversorgung würde die direkte Gefahr der Brunnenverseuchung zwar abwenden, der mit der Einführung der zentralen Versorgung erfahrungsgemäß wachsende Wasserverbrauch verlangt dann aber um so gebieterischer die Fürsorge für eine geregelte Ableitung der Verbrauchswässer.

6. Die Rheinwasserstände.

Die Wasserstandsverhältnisse des Rheines sind — bei der geringen Höhenlage Oppaus — für die Kanalisation von größter Bedeutung. Der Vorflutgraben mündet direkt oberhalb km 78 in den Fluß. Der Mittelwasserstand beim Pegel »Frankenthal« = km 79,2 ist auf 4,7 m über Pegelnull angegeben. Der Pegelnullpunkt liegt auf + 84,580 m A. P. = + 84,317 m N. N.

Demnach ist der Mittelwasserstand am Pegel = + 89,017 m N. N.

Dieser Mittelwasserstand wurde am Pegel »Frankenthal« nach den Beobachtungen der Kgl. Bayer. Fluß- und Strombauverwaltung Speyer erreicht oder übertroffen, im Jahre:

1900 nur an 40 Tagen
1901 » » 58 »
1902 » » 29 »
1903 » » 17 »
1904 » » 53 »

Demnach scheint der Mittelwasserspiegel für die jetzigen Wasserstände etwas zu hoch angenommen zu sein.[1]

B. Kanalisationsprojekt.

1. Allgemeines.

Das gleichzeitig mit einem weitreichenden Bebauungsplan ausgearbeitete Kanalisationsprojekt hat nach dem vorhergehenden die Aufgabe:

Die Schmutzwässer und Regenwässer rasch und zuverlässig aus dem Wohnbereich wegzuführen. Die verkehrshinderlichen Pfützenbildungen, die gefährlichen Sickerdeiche und die fauligen Schmutzablagerungen in den Straßengossen verschwinden dann sicher.

Die Geländeverhältnisse, die Abwassermengen, die Lage und Beschaffenheit der Gräben, Bäche oder Flüsse, in welche schließlich die Schmutzwässer und Regenwässer gelangen, die durch die obengenannten Umstände bedingte mehr oder weniger intensive Abwasserreinigung, die wirtschaftlichen Verhältnisse des Ortes führen dazu, die Zahl der möglichen Lösungen der Kanalisationsaufgabe auf meist eine, örtlich notwendige, richtige Lösung einzuschränken.

2. Gefälle.

Die zur Verfügung stehenden Geländegefälle sind gering, sie reichen aber aus, die Abwässer ohne Pumpanlagen nach der Vorflut zu bringen.

3. Schmutzwassermenge.

In einem Arbeiterort, wird selbst nach Einführung einer zentralen Wasserversorgung der Wasserverbrauch kaum 50 l für den Kopf und Tag betragen.

Bei den geschilderten ländlichen Verhältnissen wird der größte Teil der Abwässer auch in den Arbeiterfamilien landwirtschaftlich verwertet. Nimmt man dennoch die Abflußmenge gleich dem Verbrauch an, so ergibt sich bei der jetzigen Einwohnerzahl ein sekundlicher Schmutzwasserablauf

von $\frac{3950 \cdot 0,050}{24 \cdot 3600}$ = rd. 0,0022 cbm.

4. Vorflut.

Der Rhein ist die natürliche Vorflut der Oppauer Kanalwasser. Er führt in der Sekunde bei Mittelwasser 1360 cbm durch das Profil bei Oppau. (Nach Mitteilungen des Kgl. Straßen- und Flußbauamts Speyer vom 20. April 1906 bei etwa 3,80 m des Pegels »Frankenthal«.) Die Verdünnung des Kanalwassers wird über 600 000 fach sein.

Der Rhein ist die einzige vorhandene Vorflut. Demnach ist weder die Möglichkeit vorhanden, die Kanäle bei Regen zu entlasten, noch könnten bei getrennter Ableitung die Regenkanäle anderswohin führen als die Schmutzwasserkanäle.

5. Abwasserreinigung.

Vorerst bringen die Kanäle fast nur bei Regen Wasser in die Vorflut. Die Schmutzwasserabflüsse werden so gering sein, daß sie auf dem 1200 m langen Weg vom Kanalauslaß bis zum Rhein in dem sandigen Boden des Zuleitungsgrabens versickern.

Sobald jedoch Küchenausgüsse und Aborte an die Kanalisation angeschlossen sind, oder sobald die beabsichtigte Bebauung des Rheinvorlandes durch industrielle Anlagen die offene Ableitung der Kanalwässer unmöglich machen, soll eine Reinigungsanlage geschaffen werden.

Die — im Vergleich zu der gewaltigen Wasserführung der Vorflut — geringe Schmutzwassermenge empfiehlt die Anwendung einer mechanischen Reinigung der Abwässer durch Rechensiebe mit maschinellen Abstreifevorrichtungen. Das Schmutzwasser wird von den groben Schwimm-, Sink- und Schwebestoffen befreit. Das so erhaltene Rechengut ist besser landwirtschaftlich verwertbar als Klärschlamm. Die Vermehrung des Wasserzuflusses bei Regenfällen ist auf den Betrieb der Anlage ohne Einfluß. Überhaupt ist der Betrieb der Siebanlagen der sicherste, der Reinigungseffekt der gleichmäßigste von allen künstlichen Reinigungsverfahren. Die Wässer kommen weder in fauligem Zustande in die Vorflut, wie es bei Sedimentierbecken häufig der Fall ist, noch verlieren die Abwässer ihren Sauerstoffgehalt wie bei der Reinigung in Türmen mit Vakuum.

Müssen die Abwässer später durch ein Druckrohr nach dem Rheine gepumpt werden, dann empfiehlt es sich, in der Nähe der Reinigungsanlage ein Rückhaltebecken anzulegen. Die bei Regen ankommenden großen Wassermengen, welche die Pumpe nicht sofort bewältigen kann, werden im Rückhaltebecken aufgespeichert und bei geringerem Wasserzuflusse durch das Druckrohr der Vorflut zugebracht. Die Umfassungsmauern des Rückhaltebeckens und der Pumpanlage müssen über dem Hochwasserspiegel des Rheins liegen.

6. Die verschiedenen Systeme der Kanalisation.

Die Untersuchungen ergeben, daß die Ableitung der Schmutz- und Regenwässer in gemeinsamen Kanälen die richtige Lösung der Aufgabe ist.

Die Gründe, welche die anderen Entwässerungssysteme hier ausschließen, sind kurz folgende:

Die getrennte Ableitung der Brauchwässer und Regenabflüsse bietet bei den vorhandenen schlechten Gefällen und mangels einer näher gelegenen Vorflut, in welche die Regenkanälen führen könnten, keine Vorteile. Die Querschnitte der Regenkanäle würden die gleichen Abmessungen erhalten, wie die Profile bei gemeinsamer Ableitung. Die außer den Regenkanälen noch notwendigen Schmutzwasserleitungen verteuern Anlage und Betrieb der Trennkanalisation auf fast das Doppelte.

Die Schmutzwassermengen sind gering. Die Wassermassen der Vorflut sind ungeheuer groß. Auf den Betrieb der vorgesehenen Reinigungsanlage ist der Regenwasserzufluß ohne

---

[1] Neuerdings wurde der Mittelwasserspiegel amtlich auf + 88,117 m N.N. festgesetzt.

Einfluß. Für das Reinigen und endgültige Beseitigen der Abwässer ist im vorliegenden Falle die getrennte Ableitung deshalb auch ohne Vorzüge.

Wenn infolge von Hochwasser die Notwendigkeit eintritt, die Abwässer zu pumpen, dann belasten die Regenwässer den Pumpbetrieb bei der getrennten Ableitung ebenso stark wie bei der gemeinsamen. Bei Hochwasser ist die Entlastung der Pumpanlage durch natürlichen Ablauf der Regenwässer infolge der vorhandenen Gefällsverhältnisse unmöglich.

Die Kanalisation mit Rückhaltebecken, welche infolge der Verzögerung des Regenablaufs bei ausgedehnten Entwässerungsgebieten außerordentlich wirtschaftlich ist, kann bei der geringen Ausdehnung des Ortes vorerst nicht in Frage kommen.

Die Abführung der Schmutz und Regenwässer in gemeinsamen Kanälen bleibt hier die beste Lösung.

C. Berechnung der Kanalisation.

1. Schmutzwassermenge.

Bei der jetzigen Einwohnerzahl werden in der Stunde des größten Schmutzwasserablaufes höchstens $\frac{3950 \cdot 50 \cdot 1,5}{24 \cdot 3600}$ = 3,3 l/sek. von den Kanälen abgeführt. Von 1 ha kommen mithin $\frac{3,3}{30,5}$ = rd. 0,1 l/sek. zum Abfluß. In die Profilberechnungen können diese geringen Zahlen nicht eingeführt werden; die mehrere hundertmal größeren Regenabflüsse kommen allein in Betracht.

2. Häufigkeit der heftigen Regenabfälle.

Oppau liegt in dem regenarmen Gebiet, welches die nördliche Pfalz und den südlichen Teil von Rheinhessen umfaßt. Die mittlere Jahresniederschlagshöhe beträgt etwa 500 mm. Beobachtungen über Einzelregenfälle, insbesonders über die Häufigkeit der heftigen Regenfälle, waren nicht zu erhalten.

Es sollen deshalb die nachstehenden Auswertungen von 11jährigen Beobachtungen an einem selbstschreibenden Regenmesser der Großh. Techn. Hochschule in Karlsruhe i. B. den Berechnungen zugrunde gelegt werden. Karlsruhe liegt auf der Regenseite des Gebirges, in einem regenreichen Landstrich, so daß die hier ermittelten Werte für Oppau eher zu hoch, als zu nieder sind.

Regendauer in Minuten	Heftigkeit in mm/Minute											
	0,2	0,3	0,4	0,5	0,6	0,7	0,8	0,9	1,0	1,2	1,4	2,5
5 Min.	16²/₁₁	6⁶/₁₁	4⁸/₁₁	2⁵/₁₁	1⁶/₁₁	1¹/₁₁	⁹/₁₁	⁷/₁₁	⁵/₁₁	⁴/₁₁	¹/₁₁	¹/₁₁
10 »	5⁵/₁₁	2⁵/₁₁	1⁵/₁₁	⁹/₁₁	⁶/₁₁	⁵/₁₁	²/₁₁	0	0	0	0	0
15 »	2⁷/₁₁	1¹/₁₁	⁷/₁₁	⁵/₁₁	⁴/₁₁	⁴/₁₁	¹/₁₁	0	0	0	0	0
20 »	1⁶/₁₁	⁶/₁₁	⁴/₁₁	⁴/₁₁	⁴/₁₁	³/₁₁	¹/₁₁	0	0	0	0	0
25 »	⁹/₁₁	²/₁₁	¹/₁₁	¹/₁₁	0	0	0	0	0	0	0	0

Anzahl der jährlichen Regen, welche die angegebene Zeit und Heftigkeit erreichen oder übertreffen.

3. Regenmenge.

Verlangt man, daß die Kanäle so groß sind, daß sie voraussichtlich nur einmal im Jahre voll gefüllt werden, dann muß man nach der Tabelle die Regen von:

5 Min. Dauer und 0,73 mm Höhe/Min. = rd. 120 l/sekha
10 » » » 0,46 » » = » 78 »
15 » » » 0,32 » » = » 54 »

für die Berechnung annehmen.

Der erste Regen ist von den dreien der heftigste. So lange er die größte Durchflußmenge für irgendeine Stelle der Kanalisation liefert, ist er für die Querschnittsberechnung dieser Stelle maßgebend.

Die Wahrscheinlichkeit, daß bedeutendere Niederschläge als die angenommenen eintreten, ist in jedem Jahre nur einmal vorhanden.

Diese heftigeren Regen verursachen aus mehreren Gründen noch keinen Ausstau der Abwässer auf die Straßen.

a) Die Kanäle werden zuerst unter einem geringen Überdruck stehen, infolgedessen vermehren sich die Spiegelgefälle und die Leistungsfähigkeit ganz außerordentlich.

b) Die einzelnen Kanalsysteme sind durch Überhöhungen in den Endstrecken voneinander getrennt. Diese Trennung ist nur wirksam, wenn die Niederschläge kleiner sind oder gleich denjenigen, die der Berechnung zugrunde liegen. Bei heftigeren Regen entlasten die Kanäle ineinander, die Kanalsysteme wirken zusammen, die Gesamtleistungsfähigkeit wird vermehrt. Die Sicherheit gegen Ausstau ist demnach ausreichend groß.

4. Regenabflußmenge.

Von den niederfallenden Regen verdunsten gewisse Mengen; beträchtlichere Anteile bilden Pfützen oder versickern; der Rest fließt ab und soll von den Kanälen aufgenommen werden. Die Beschaffenheit des Geländes: Gefälle, Untergrund und das Verhältnis der durchlässigen Flächen zu den weniger oder ganz undurchlässigen, geben einen Anhalt, bestimmte Prozentsätze für Pfützenbildung, Versickerung und Abfluß anzunehmen.

Die Gefälle in Oppau sind außerordentlich gering. Die vielen kleinen Mulden und der durchlässige Sandboden nehmen so große Regenmengen auf, daß der Abfluß von den unbefestigten Flächen verschwindend klein ist.

Von den 30,5 ha der jetzt bebauten Ortsfläche sind 7,7 ha oder 25% überbaut; 9 ha = 29% sind Hofflächen; 9,6 ha oder rd. 32% sind Garten und Feldfläche innerhalb der Baublöcke; 4,35 ha, das sind 14%, nehmen die Ortsstraßen ein.

Zu der überbauten Fläche zählen viele Hintergebäude, von welchen nur ein Teil der Regenmenge in die Kanäle kommt.

Die Straßen sind zum größten Teil unbefestigt. In absehbarer Zeit werden auch nur die Verkehrsstraßen eine feste Decke erhalten; ein großer Teil der Niederschläge auf die Straßen wird immer versickern und verdunsten.

Die Hofflächen, die Garten- und Feldflächen liegen fast im ganzen Ort tiefer als die aufgehöhten Straßen. Deshalb werden wohl nur die wenigen gepflasterten Höfe, welche Kanaleinlässe erhalten, Zuflüsse nach den Kanälen liefern.

Bei dem Regen von 0,73 mm Höhe/Min. = rd. 120 l/sekha fallen auf 1 ha nieder:

auf 25% Dachfläche . . . . 0,25 · 120 l/sekha,
» 14 » Straßenfläche . . . 0,14 · 120 »
» 29 » Hoffläche . . . . 0,29 · 120 »
» 32 » Garten- und Feldfläche 0,32 · 120 »

kommen von 1 ha zum Ablauf:

von der Dachfläche: 80% des Niederschlags = 24 l/sekha,
» » Straßenfläche: 25 » » » = 4,2 »
» » Hoffläche: 15 » » » = 5,2 »
zusammen rd. 34 l/sekha.

Für den Regen von 10 Min. Dauer wird die Abflußmenge im Verhältnis der geringeren Niederschlagsintensität kleiner sein und etwa $\frac{78}{120} \cdot 34$ = rd. 22 l/sekha betragen.

Berechnung der Kanalisation Oppau.

Ord. Nr.	Kanalstrecke	von	bis	Länge m	Abflussgebiet Teil-gebiet ha	Abflussgebiet Gesamt ha	l/sek/ha	empfangen von	empfangen l/sek	in Gebiet zubleibend	weitergegeben nach	weitergegeben l/sek	Straßenhöhe oben m	Straßenhöhe unten m	Sohlenhöhe oben m	Sohlenhöhe unten m	Sohlengefälle	Beanspruchung in der Mitte l/sek	Profil mm	Leistungsfähigkeit b. Sohlengefälle l/sek	Geschwindigkeit m/sek	Zeit Sek.	bei Beendigung d. Regens l/sek	nach Sek.	Geringste l/sek	Bemerkungen
1	Westendstr.	Ende	Straße f	31,0	0,14	—	34	—	—	4,8	6	4,8	(91,250) 92,500	(91,579) 92,500	90,518	90,479	1:800	3	250	22	0,44	71	—	—	—	—
2	Straße e	Kirchstr.	Straße p	88,1	0,54	—		—	—	18,4	4	18,4	93,500	(91,750) 92,750	92,120	91,240	1:100	9	200	38	0,37	238	—	—	—	—
3	Straße p	Maxstr.	Straße e	186,0	1,29	—		—	—	44,0	4	44,0	(92,177) 92,900	(91,750) 92,750	91,520	91,290	1:800	22	250	22	0,44	422	—	—	—	—
4	Straße e	Straße p	Straße x	25,9	0,05	1,88		2; 3	18,4; 44,0	1,7	5	64,1	(91,750) 92,750	(91,970) 92,750	91,240	91,120	1:245	63	300	64	0,90	43	—	—	—	—
5	Straße f	Straße e	Westendstr.	145,0	1,22	3,10		4	64,1	41,5	6	105,6	(91,970) 92,750	(91,597) 92,750	91,120	90,529	1:245	84	350	100	1,00	224	—	—	—	—
6	Westendstr.	Straße f	Straße q	147,7	1,25	4,49		1; 5	4,8; 105,6	42,5	7	152,9	(91,597) 92,500	92,523	90,479	90,294	1:800	(131) 112	475	125	0,71	208	19	—	—	—
7	Westendstr.	Straße q	Maxstr.	12,8	0,01	4,50		6	152,9	0,3	10	153,2	92,523	92,527	90,294	90,278	1:800	(153) 116	(500) 475	(144) 125	(0,73) 0,71	17	39	8	37	—
8	Maxstr.	Kirchstr.	Straße p	73,9	0,33	—		—	—	11,2	9	11,2	93,717	92,527	92,217	91,478	1:100	6	200	33	1,05	70	—	—	—	—
9	Maxstr.	Straße p	Westendstr.	115,0	0,66	0,99		8	11,2	22,4	10	33,6	(92,177) 92,900	92,527	91,478	90,328	1:100	22	200	33	1,05	110	—	—	—	—
10	Westendstr.	Maxstr.	Wilhelmstr.	59,8	0,30	5,79		7; 9	153,2; 33,6	10,2	12	197,0	92,527	92,097	90,278	90,203	1:800	(191) 146	(500/750) 500	(230) 144	(0,80) 0,73	75	48	38	45	—
11	Wilhelmstr.	Kirchstr.	Westendstr.	185,5	0,90	—		—	—	30,6	12	30,6	93,384	92,097	92,019	90,253	1:105	15	200	32	1,02	182	—	—	—	—
12	Westendstr.	Wilhelmstr.	Ludwigstr.	54,7	0,42	7,11		10; 11	197,0; 30,6	14,3	14	241,9	92,097	92,177	90,203	90,134	1:800	(234) 174	500/750	230	0,78	70	62	35	60	—
13	Ludwigstr.	Kirchstr.	Westendstr.	188,0	1,06	—		—	—	36,0	14	36,0	93,292	92,177	91,750	90,184	1:120	18	200	30	0,95	198	—	—	—	—
14	Westendstr.	Ludwigstr.	Königstr.	80,5	0,52	8,69		12; 13	241,9; 36,0	17,7	16	295,6	(92,066) 92,250	(92,066) 92,250	90,134	90,034	1:800	(286) 213	600/900	(380) 230	(0,92) 0,78	88	73	—	—	—
15	Königstr.	Kirchstr.	Westendstr.	182,0	1,33	—		—	—	45,2	16	45,2	93,210	(92,066) 92,230	91,540	90,084	1:125	23	200	29	0,94	194	—	—	—	—
16	Friedrichstr.	Königstr.	Oggersheimerstr.	12,5	0,02	10,04		14; 15	295,6; 45,2	0,7	25	341,5	(92,066) 92,250	(92,017) 92,200	90,034	90,014	1:650	(341) 261	600/900	423	1,02	12	81	6	80	—
17	Straße u	Straße v	Oggersheimerstr.	152,0	1,04	—		—	—	35,4	18	35,4	(90,880) 92,100	(90,750) 92,000	90,642	90,452	1:800	18	250	22	0,45	336	—	—	—	—
18	Oggersheimerstr.	Straße u	Straße s. u. r.	130,3	1,73	1,87		17	35,4	24,8	22	60,2	(90,750) 92,000	(90,728) 92,200	90,402	90,230	1:800	48	350	55	0,58	224	—	—	—	—
19	Straße q	Westendstr.	Straße r	132,9	0,80	—		—	—	27,2	20	27,2	92,520	(91,210) 92,000	90,713	90,547	1:800	14	250	22	0,45	303	—	—	—	—
20	Straße r	Straße q	Oggersheimerstr.	173,5	1,24	2,04		19	27,2	42,2	22	69,4	(91,210) 92,000	(90,728) 92,200	90,497	90,280	1:800	48	350	55	0,58	298	—	—	—	—
21	Straße s	Straße a	Oggersheimerstr.	140,0	0,96	—		—	—	32,6	22	32,6	(91,230) 91,960	(90,728) 92,200	90,455	90,280	1:800	16	250	22	0,45	311	—	—	—	—
22	Oggersheimerstr.	Straße s. u. r	Oggersheimerstr.	61,3	0,27	5,04		18; 20; 21	60,2; 69,4; 32,6	9,2	24	171,4	(90,728) 92,200	(90,767) 92,200	90,230	90,162	1:800	167	500/750	230	0,80	88	—	—	—	—
23	Straße t	Straße a	Oggersheimerstr.	142,8	0,83	—		—	—	28,2	24	28,2	(91,250) 91,600	(90,767) 92,200	90,391	90,212	1:800	14	250	22	0,45	283	—	—	—	—
24	Oggersheimerstr.	Straße t	Friedrichstr.	77,9	0,34	6,21		22; 23	171,4; 28,2	11,6	25	211,2	(90,767) 92,200	(92,017) 92,200	90,162	90,065	1:800	(205) 186	500/750	280	0,80	97	20	38	19	—
25	Friedrichstr.	Oggersheimerstr.	Schulstr.	125,0	0,87	17,12		16; 24	341,5; 211,2	29,6	27	582,3	(92,017) 92,200	(92,113) 92,150	90,014	89,822	1:650	(567) 444	700/1050	640	1,14	110	133	55	123	—

Die Gebiete: Nr. 34, 36, 38, entwässern in den alten Kanal.

Nr.	Straße	Strecke	Länge			Anschl.					Terrain	Sohle oben	Sohle unten	Gefälle		Ø mm		v m/s				
26	Schulstr.	Kirchstr.—Friedrichstr.	178,8	1,60	—	34	—	35,0	27	35,0	93,171	90,989	89,872	1:160	18	200	26	0,82	221	—	—	—
27	Friedrichstr.	Schulstr.—Schillerstr.	29,5	0,08	18,23	25/26	582,3 / 35,0	2,7	29	620,0	(92,113) 92,150	89,822	89,777	1:650	(619) 459	700/1050	640	1,14	26	170	13	160
28	Schillerstr.	Kirchstr.—Friedrichstr.	172,0	0,68	—	—	—	24,1	29	24,1	93,458	90,902	89,827	1:160	12	200	26	0,82	209	—	—	—
29	Friedrichstr.	Schillerstr.—Rathausstr.	68,1	0,50	19,41	27/28	620,0 / 24,1	17,0	31	661,1	92,109	89,777	89,672	1:650	(653) 480	700/1050	640	1,14	60	191	56	173
30	Rathausstr.	Kirchstr.—Friedrichstr.	177,0	0,91	—	—	—	30,9	31	30,9	94,027	90,607	89,722	1:200	15	200	23	0,75	236	—	—	—
31	Friedrichstr.	Rathausstr.—Rheinstr.	76,9	0,35	20,67	29/30	661,1 / 11,9	11,9	88	703,9	92,309	89,672	89,554	1:650	(698) 491	700/1050	640	1,14	68	236	94	207
32	Edigheimerstr.	Ende—Gutenbergstr.	134,2	1,05	—	—	—	35,7	34	35,7	92,649	90,910	90,666	1:550	18	250	26	0,50	269	—	—	—
33	Gutenbergstr.	Karolinenstr.—Edigheimerstr.	85,0	0,30	—	32/33	35,7 / 10,2	10,2	34	10,2	(92,045) 92,300	90,857	90,716	1:600	5	200	14	0,43	197	—	—	—
34	Edigheimerstr.	Gutenbergstr.—II. Dammbruchstr.	47,8	0,33	1,68	—	—	11,2	36	45,9	92,600	90,666	90,580	1:550	46	(325) 300	(54) 43	(0,65) 0,61	73	—	—	—
35	II. Dammbruchstr.	Karolinenstr.—Edigheimerstr.	95,0	0,32	—	34/35	45,9 / 10,9	10,9	36	10,9	(92,298) 92,500	90,803	90,630	1:550	5	200	14	0,45	212	—	—	—
36	Edigheimerstr.	II. Dammbruchstr.—I. Dammbruchstr.	38,4	0,28	2,28	—	—	9,5	38	56,8	92,689	90,580	90,510	1:550	62	200	(79) 64	(0,72) 0,65	53	—	—	—
37	I. Dammbruchstr.	Karolinenstr.—Edigheimerstr.	106,0	0,49	—	36/37	56,8 / 16,7	16,7	88	16,7	92,703	90,701	90,560	1:750	8	200	12	0,39	271	—	—	—
38	Edigheimerstr.	I. Dammbruchstr.—Bismarckstr.	206,9	2,53	5,30	—	—	86,0	60	73,5	92,833 / 93,497	90,510	90,134	1:550	74	475	151	0,85	244	—	—	—
39	Karolinenstr.	Ende—Gutenbergstr.	139,0	0,68	—	—	—	23,1	41	23,1	(92,045) 92,300	90,984	90,810	1:800	12	200	12	0,37	375	—	—	—
40	Gutenbergstr.	Ende—Karolinenstr.	69,0	0,19	—	39/40	—	6,4	41	6,4	92,750	90,946	90,860	1:800	3	200	12	0,37	187	—	—	—
41	Karolinenstr.	Gutenbergstr.—II. Dammbruchstr.	47,5	0,11	0,98	—	23,1 / 6,4	3,7	43	33,2	(92,045) 92,300	90,810	90,750	1:800	31	300	36	0,51	96	—	—	—
42	II. Dammbruchstr.	Ende—Karolinenstr.	73,5	0,29	—	41/42	—	9,8	43	9,8	(92,250) 92,500	90,892	90,800	1:800	5	200	12	0,37	198	—	—	—
43	Karolinenstr.	II. Dammbruchstr.—Straße 1	65,4	0,18	1,45	—	33,2 / 9,8	6,1	45	49,1	(92,297) 92,500	90,750	90,668	1:800	46	325	45	0,54	125	—	—	—
44	Straße 1	Ende—Karolinenstr.	129,0	0,67	—	43/44	—	22,8	45	22,8	(92,000) 92,400	90,879	90,718	1:800	11	200	12	0,37	347	—	—	—
45	Karolinenstr.	Straße 1—Gabelsbergerstr.	75,4	0,56	2,68	—	49,1 / 22,8	19,0	47	90,9	93,020	90,668	90,574	1:800	81	425	93	0,65	116	—	—	—
46	Gabelsbergerstr.	Ende—Karolinenstr.	133,0	0,79	—	45/46	—	26,9	47	26,9	93,333	90,842	90,624	1:600	13	250	25	0,51	261	—	—	—
47	Karolinenstr.	Gabelsbergerstr.—Bismarckstr.	103,2	0,72	4,19	—	90,9 / 26,9	24,5	58	142,3	92,259	90,574	90,445	1:800	(130) 120	(500) 475	(144) 125	(0,78) 0,71	141	10	—	—
48	Straße 2	Kirchstr.—Straße 3	68,5	0,29	—	48	9,8	9,8	49	9,8	93,500	91,156	91,243	1:75	5	200	37	1,18	58	—	—	—
49	Straße 3	Straße 2—Straße 4 u. 5	179,0	1,20	1,49	49/50/51	—	40,8	52	50,6	(91,750) 92,750	91,193	90,969	1:800	30	300	36	0,51	351	—	—	—
50	Straße 4	Gabelsbergerstr.—Straße 6	78,8	0,53	—	—	—	18,0	52	18,0	(92,750) 93,250	91,068	90,969	1:800	9	250	22	0,44	179	—	—	—
51	Straße 5	Kirchstr.—Straße 6	100,0	0,52	—	—	50,6 / 18,0 / 17,7	17,7	52	17,7	93,714	91,921	90,969	1:105	9	200	33	1,05	96	—	—	—
52	Straße 6	Straße 4 u. 5—Straße 7	127,0	0,72	3,26	52/53	—	24,5	54	110,8	(91,250) 92,600	90,919	90,760	1:800	99	425	108	0,68	187	—	—	—
53	Straße 7	Gabelsbergerstr.—Straße 6	92,5	0,49	—	—	—	16,7	54	16,7	93,333	90,876	90,760	1:800	8	250	22	0,44	210	—	—	—
54	Straße 7	Straße 6—Straße 9	18,3	0,08	8,78	54/55	110,8 / 16,7	1,0	56	128,5	(91,750) 92,400	90,710	90,687	1:800	127	475	125	0,71	26	—	—	—
55	Straße 8	Kirchstr.—Straße 9	85,5	0,49	—	—	—	16,7	56	16,7	93,292	91,464	90,687	1:1110	8	200	32	1,00	86	—	—	—
56	Straße 9	Straße 8—Straße 10	144,7	0,39	4,66	—	128,5 / 16,7	13,3	58	158,5	(92,000) 92,500	90,637	90,457	1:800	(152) 188	(500/750) 500	(220) 144	(0,78) 0,78	185	20	93	14

Berechnung der Kanalisation Oppau.

Ord.-Nr.	Kanalstrecke	von	bis	Länge m	Teilgebiet ha	Gesamt ha	l/sek/ha	empfangen von	empfangen l/sek	im zufließenden Gebiet l/sek	weitergegeben nach	weitergegeben l/sek	Straßenhöhe oben m	Straßenhöhe unten m	Sohlenhöhe oben m	Sohlenhöhe unten m	Sohlengefälle	Beanspruchung i. d. Mitte l/sek	Profil mm	Leistungsfähigkeit l/sek	Geschwindigkeit m/sek	Zeit Sek.	bei Beendigung d. Regens l/sek	übrige Verzögerungsmenge nach Sek.	l/sek	Bemerkungen
57	Straße 10	Kirchstr.	Straße 9	80,5	0,37	—	34	—	—	12,6	58	12,6	93,827	(92,300) 92,800	90,904	90,457	1:180	6	200	25	0,80	101	—	—	—	
58	Straße 10	Straße 9	Bismarckstr.	9,5	0,01	5,04		47 / 56 / 57	142,3 / 158,5 / 12,6	0,3	59	313,7	(92,300) 92,800	(93,842) 92,800	90,457	90,446	1:800	(313) 266	600/900	(381)	0,92	12	50	6	47	
59	Bismarckstr.	Karolinenstr.	Edigheimerstr.	168,9	1,12	10,85		58	313,7	38,1	60	351,8	(92,343) 92,800	93,497	90,895	90,184	1:800	(333) 266	600/900	(381)	0,92	184	95	104	67	
60	Edigheimerstr.	Bismarckstr.	Kirchstr.	105,6	0,88	16,53		38 / 59	73,5 / 351,8	29,9	70	425,8	93,497	93,514	90,134	89,942	1:551	(425) 312	(700/1050) 600/900	(695) 459	(1,35) 1,11	79	178	131	113	Die Gebiete: Nr. 60, 69, 70, 71, entwässern in den alten Kanal.
61	Kirchstr.	Straße e und 2	Maxstr.	188,9	1,12	—		—	—	38,1	62	38,1	93,500	93,725	90,118	91,852	1:800	19	250	22	0,44	430	—	—	—	
62	Kirchstr.	Maxstr.	Wilhelmstr.	57,1	0,25	1,37		61	38,1	8,5	63	46,6	93,725	93,384	91,882	91,658	1:255	42	300	62	0,90	64	—	—	—	
63	Kirchstr.	Wilhelmstr.	Ludwigstr.	59,8	0,21	1,58		62	46,6	7,1	64	53,7	93,384	93,292	91,658	91,424	1:255	50	300	62	0,90	67	—	—	—	
64	Kirchstr.	Ludwigstr.	Königstr.	74,1	0,39	1,97		63	53,7	13,3	65	67,0	93,292	93,210	91,424	91,183	1:255	60	300	62	0,90	82	—	—	—	
65	Kirchstr.	Königstr.	Straße 10	64,4	0,38	2,35		64	67,0	13,0	66	80,0	93,210	93,327	91,133	90,880	1:255	(74) 67	325	80	0,96	67	7	—	—	
66	Kirchstr.	Straße 10	Schulstr.	81,5	0,56	2,91		65	80,0	19,0	67	99,0	93,327	93,171	90,880	90,561	1:255	(89) 75	(350) 325	(96) 80	(0,98) 0,96	83	14	—	—	
67	Kirchstr.	Schulstr.	Schillerstr.	27,6	0,16	3,07		66	99,0	5,4	68	104,4	93,171	93,458	90,561	90,452	1:255	(102) 85	(375) 350	(115) 96	(1,06) 1,01	26	17	—	—	
68	Kirchstr.	Schillerstr.	Rathausstr.	70,2	0,40	3,47		67	104,4	13,6	69	118,0	93,458	93,957	90,452	90,178	1:255	(111) 91	(375) 350	(115) 96	(1,06) 1,01	66	20	—	—	
69	Kirchstr.	Rathausstr.	Edigheimerstr.	47,3	0,13	3,60		68	118,0	4,4	70	118,0	93,957	93,514	90,178	89,992	1:255	(118) 96	(400) 350	(143) 96	(1,12) 1,01	42	24	21	22	
70	Edigheimerstr.	Kirchstr.	Bahnhofstr.	13,6	0,02	20,15		60 / 69	425,3 / 118,0	0,7	71	543,3	93,514	93,500	89,942	89,917	1:550	(543) 319	(700/1050) 600/900	(695) 459	(1,35) 1,11	10	224	—	—	
71	Bahnhofstr.	Edigheimerstr.	Rheinstr.	172,5	1,02	21,17		70	543,8	34,7	88	543,8	93,500	92,164	89,917	89,604	1:550	(543) 319	(700/1050) 600/900	(695) 459	(1,35) 1,11	128	296	69	224	
72	Straße d	Straße v	Friesenheimerstr.	137,4	1,09	—		—	—	37,1	73	37,1	(90,880) 92,100	92,529	90,580	90,408	1:800	19	250	22	0,44	312	—	—	—	
73	Friesenheimerstr.	Straße d	Straße c	20,4	0,04	1,13		72	37,1	1,4	74	38,5	92,529	92,342	90,358	90,321	1:550	38	300	43	0,61	34	—	—	—	
74	Friesenheimerstr.	Straße c	Gartenstr.	133,6	1,05	2,18		73	38,5 / 35,7	35,7	79	74,2	92,342	(91,644) 91,900	90,321	90,078	1:550	56	350	66	0,68	197	—	—	—	
75	Straße b	Straße a	Straße r	21,1	0,04	—		—	—	1,4	77	1,4	(91,230) 91,950	(91,180) 91,900	90,419	90,385	1:620	1	200	18	0,42	50	—	—	—	
76	Straße v	Straße d	Straße b	131,2	0,86	—		—	—	29,2	77	29,2	(90,880) 92,100	(91,180) 91,900	90,599	90,435	1:800	15	225	16	0,41	320	—	—	—	
77	Straße b	Straße v	Platz west	129,7	1,05	1,95		75 / 76	1,4 / 29,2	35,7	78	66,3	(91,180) 91,900	(91,000) 91,700	90,385	90,176	1:620	49	325	50	0,61	323	—	—	—	
78	Straße b	Platz west	Friesenheimerstr.	30,0	0,09	2,04		77	66,3	3,1	79	69,4	(91,000) 91,700	(91,644) 91,900	90,176	90,128	1:620	63	375	75	0,68	44	—	—	—	
79	Friesenheimerstr.	Gartenstr.	Platz nord	25,9	0,05	4,27		74 / 78	74,2 / 69,4	1,7	81	145,3	(91,644) 91,900	(91,615) 91,900	90,078	90,031	1:550	144	475	152	0,85	30	—	—	—	
80	Platz nord	Ende	Friesenheimerstr.	50,9	0,24	—		—	—	8,2	81	8,2	(91,000) 91,700	(91,615) 91,900	90,145	90,081	1:800	4	200	12	0,37	14	—	—	—	

Die Gebiete Nr. 88, 96, 103 entwässern in den alten Kanal.

Nr.	Straße	Strecke																			
81	Friesenheimerstr.	Platz nord—Straße h	104,5	0,74	5,25|34	{79/80}	145,8 / 8,2	25,2	82	178,7	(91,615)/91,900	(91,550)/91,800	89,841	90,031	1:550	(166)/149	(500)/475	(178)/152	(0,88)/0,85	120	17	3	27
82	Friesenheimerstr.	Straße h—Luitpoldstr.	5,0	0,01	5,26	81	178,7 / 8,2		87	179,0	(91,550)/91,800	(91,545)/91,800	89,831	89,841	1:550	(179)/152	(500/750)/475	(271)/152	(0,94)/0,85	5	29	—	—
83	Straße s	Straße b—Straße t	77,0	0,34	—	—	11,6	11,6	84	11,6	(91,250)/91,600	(91,250)/91,600	90,215	90,472	1:300	6	200	19	0,61	128	—	—	—
84	Straße t	Straße s—Pilgerstr.	14,9	0,03	0,37	83	11,6 / 1,0		86	12,6	(91,260)/91,600	(91,517)/91,700	90,166	90,215	1:300	12	200	19	0,61	24	—	—	—
85	Pilgerstr.	Friedrichstr.—Luitpoldstr.	117,1	0,65	—	—	22,1	22,1	86	22,1	92,087	(91,514)/91,700	90,166	90,410	1:480	11	200	15	0,50	235	—	—	—
86	Luitpoldstr.	Pilgerstr.—Friesenheimerstr.	152,9	1,30	2,32	{84/85}	12,6 / 22,1	44,2	87	78,9	(91,514)/91,700	(91,545)/91,800	89,881	90,116	1:650	57	350	61	0,63	243	—	—	—
87	Friesenheimerstr.	Luitpoldstr.—Rheinstr.	125,1	0,76	8,34	{82/86}	179,0 / 78,9	25,8	88	283,7	92,164	(91,545)/91,800	89,604	89,831	1:550	(271)/227	500/750	271	0,94	139	44	—	—
88	Rheinstr.	Bahnhofstr.—Welschgasse	48,8	0,24	50,42	{31/71/87}	703,9 / 548,3 / 283,7	8,2	96	1530,9	92,304	92,164	89,493	89,554	1:800	(1531)/1026	(1200/1800)/900/1350	(2420)/1126	(1,40)/1,21	33	726	145	505
89	Lautereckenstr.	Ende—Göthestr.	115,0	0,47	—	—	16,0	16,0	91	16,0	91,742	(91,481)/92,000	90,370	90,514	1:800	8	200	12	0,37	111	—	—	—
90	Göthestr.	Ende—Lautereckenstr.	87,0	0,60	—	89	20,4	20,4	91	20,4	91,742	92,011	90,320	90,610	1:300	10	200	19	0,61	143	—	—	—
91	Göthestr.	Lautereckenstr.—Friedhofstr.	13,0	0,12	1,09	{89/90}	16,0 / 20,4	0,7	93	37,1	91,618	91,742	90,277	90,320	1:300	37	275	46	0,78	17	—	—	—
92	Friedhofstr.	Ende—Göthestr.	155,6	1,20	—	91	40,8	40,8	93	40,8	91,618	92,384	90,227	90,746	1:800	20	225	27	0,67	233	—	—	—
93	Friedhofstr.	Göthestr.—Welschgasse	88,9	0,13	2,42	{91/92}	37,1 / 40,8	4,4	95	82,3	92,090	91,618	90,098	90,227	1:300	80	350	89	0,93	42	—	—	—
94	Friedhofstr.	Bahnhofstr.—Welschgasse	71,9	0,44	3,91	93	15,0	15,0	95	15,0	92,090	93,500	90,098	90,997	1:800	8	200	87	1,18	61	—	—	—
95	Welschgasse	Friedhofstr.—Rheinstr.	209,0	1,05	—	94	82,3 / 15,0	35,7	96	133,0	92,304	92,090	89,543	90,048	1:400	115	425	181	0,95	213	—	—	—
96	Rheinstr.	Welschgasse—Straße g. u. n	100,2	0,54	54,87	{88/95}	1530,9 / 133,0	18,3	103	1663,9	(91,589)/92,250	(91,589)/92,250	89,368	89,493	1:800	(1664)/1135	(1200/1800)/900/1350	(2420)/1126	(1,40)/1,21	70	846	196	529
97	Straße k	Gartenstr.—Straße h	162,0	0,98	—	—	33,3	33,3	99	33,3	(90,750)/91,600	(91,670)/91,900	89,764	90,304	1:800	17	200	19	0,61	337	—	—	—
98	Straße h	Friesenheimerstr.—Straße g	130,0	0,72	—	—	24,5	24,5	99	24,5	(90,750)/91,600	(90,545)/91,800	89,814	89,927	1:800	12	225	16	0,41	279	—	—	—
99	Straße g	Straße h—Rheinstr.	104,0	0,64	2,34	{97/98}	33,3 / 24,5	21,8	103	79,6	(91,589)/92,250	(90,750)/91,600	89,418	89,764	1:800	68	325	73	0,80	154	—	—	—
100	Straße n	Friedhofstr.—Straße bb	159,0	1,11	—	—	37,7	37,7	102	37,7	92,500	91,618	89,689	90,256	1:280	19	200	20	0,62	245	—	—	—
101	Straße bb	Straße m—Straße n	153,8	1,13	—	—	38,4	38,4	102	38,4	92,500	92,000	89,739	90,252	1:800	19	200	19	0,61	253	—	—	—
102	Straße n	Straße bb—Rheinstr.	81,5	0,43	2,67	{100/101}	37,7 / 38,4	14,6	103	90,7	(91,589)/92,250	92,500	89,418	89,689	1:800	83	350	89	0,96	87	—	—	—
103	Rheinstr.	Straße g. u. n—Austr.	100,0	0,76	60,64	{96/99/102}	1663,9 / 79,6 / 90,7	25,8	114	1834,2	(91,504)/92,150	(91,504)/92,150	89,243	89,368	1:800	(1834)/1205	(1200/1800)/100/1:00	(2420)/1492	(1,40)/1,30	68	861	265	629
104	Straße c	Friesenheimerstr.—Straße aa	108,0	0,69	—	—	23,5	23,5	105	23,5	(91,050)/92,250	92,243	90,701	90,837	1:800	12	225	16	0,41	264	—	—	—
105	Straße c	Straße aa—Straße o	8,5	0,01	0,70	104	23,5 / 0,3		107	23,8	(91,060)/92,250	(91,030)/92,250	90,691	90,837	1:800	23	275	28	0,48	17	—	—	—
106	Straße w	Ende—Straße o	74,5	0,31	—	—	10,5	10,5	107	10,5	(91,250)/92,400	(91,250)/92,400	90,691	90,784	1:500	5	200	12	0,37	200	—	—	—
107	Straße o	Straße w—Gartenstr.	169,0	1,24	2,55	{105/106}	23,8 / 10,5	42,2	109	76,5	(91,645)/91,900	(91,060)/92,250	89,762	90,641	1:190	55	275	96	0,95	200	—	—	—

Berechnung der Kanalisation Oppau.

Ord.-Nr.	Kanalstrecke	von bis	Länge m	Teil-gebiet ha	Gesamt ha	l/sek/ha	empf. von	empf. l/sek	im Gebiet zufließend	weiterg. nach	weiterg. l/sek	Straßenhöhe oben m	Straßenhöhe unten m	Sohlenhöhe oben m	Sohlenhöhe unten m	Sohlen-gefälle	Beanspr. in der Mitte l/sek	Profil mm	Leistungsf. b. Sohlenf. l/sek	Geschw. m/sek	Zeit Sek.	bei Beend. d. Regens l/sek	nach Wst.	nach l/sek	Bemerkungen
108	Gartenstr.	Friesenheimerstr.—Straße k	125,5	0,77	—	34	—	—	26,1	109	26,1	(91,644) 91,900	(91,670) 91,900	90,461	90,304	1:800	12	200	12	0,37	307				
109	Gartenstr.	Straße k—Austr.	71,4	0,45	3,47		{107 / 108}	76,5 / 26,1	15,3	111	117,9	(91,670) 91,900	(91,467) 91,900	90,304	89,215	1:800	110	450	120	0,75	95				
110	Gartenstr.	Ende—Austr.	50,5	0,16	—		—	—	5,4	111	5,4	91,500	(91,467) 91,900	89,290	89,215	1:650	3	200	12	0,41	23				
111	Austr.	Gartenstr.—Straße i	158,8	0,78	4,41		{109 / 110}	117,9 / 5,4	26,5	113	149,8	(91,467) 91,900	(91,078) 91,400	90,165	89,724	1:360	136	450	163	1,03	156				
112	Straße i	Straße k—Austr.	101,5	0,50	—		—	—	17,0	113	17,0	(90,813) 91,600	(91,078) 91,400	89,930	89,774	1:650	18	200	12	0,37	273				
113	Austr.	Straße i—Rheinstr.	137,2	0,73	5,64		{111 / 112}	149,8 / 17,0	24,2	114	191,0	(91,078) 91,400	(91,504) 92,150	89,724	89,343	1:360	(179) 148	(475) 450	(189) 163	(1,07) 1,03	130	87	77	31	
114	Rheinstr.	Austr.—Straße m	44,0	0,15	66,43		{103 / 113}	1834,2 / 191,0	5,1	115	2025,2	(91,504) 92,150	(91,549) 92,100	89,243	89,187	1:800	(2025) 1336	1200/1800 1000/1500	(2420) 1492	(1,46) 1,30	30	1131	314	689	Die Gebiete: Nr. 114, 115 entwässern in den alten Kanal.
115	Rheinstr.	Straße m—Auslaß	470,0	—	—		114	2025,3	—	Auslaß	2025,3	(91,549) 92,100	(90,500) 91,600	89,187	88,600	1:800	(2025) 1336	1200/1800 1000/1500	(2420) 1492	(1,46) 1,30					

Alter Kanal.

Ord.-Nr.	Kanalstrecke	von bis	Länge m	Teil-gebiet ha	Gesamt ha	empf. von	empf. l/sek	im Gebiet zufließend	weiterg. nach	weiterg. l/sek	Straßenhöhe	Sohlenhöhe oben m	Sohlenhöhe unten m	Sohlen-gefälle	Beanspr. l/sek	Profil mm	Leistungsf. l/sek	Geschw. m/sek	Nummer der neuen Kanalstrecke
1	Edigheimerstr.	Gutenbergstraße—II. Dammbruchstr.	47,0	0,33	—	—	—	11,2	2	11,2	—	91,44	91,34	1:495	5	300	44	0,64	31
2	Edigheimerstr.	II. Dammbruchstr.—I. Dammbruchstraße	38,0	0,28	0,61	1	11,2	9,5	3	20,7	—	91,34	91,26	1:495	16	300	44	0,64	36
3	Edigheimerstr.	I. Dammbruchstr.-Bismarckstr.	208,0	2,53	3,14	2	20,7	86,0	4	106,7	—	91,26	90,89	1:495 / 1:475 / 1:475	64	300/400/500	44/100/187	0,64/0,75/0,95	38
4	Edigheimerstr.	Bismarckstr.—Kirchstr.	106,0	0,88	4,02	3	106,7	29,9	6	136,6	—	90,89	90,670	1:475 / 1:475	125	500/600	187/305	0,95/1,08	60
5	Kirchstr.	Rathausstr.—Edigheimerstr.	20,0	0,13	4,15	—	—	4,4	6	4,4	—	—	—	—	—	—	—	—	69
6	Edigheimerstr.	Kirchstr.—Bahnhofstr.	47,3	0,02	4,17	{4 / 5}	136,6 / 4,4	0,7	7	141,7	—	90,67	90,57	1:475	141	600	305	1,08	70
7	Bahnhofstraße	Edigheimerstr.—Rheinstr.	169,0	1,02	5,19	6	141,7	34,7	8	176,4	—	90,57	90,21	1:475	159	800	661	1,32	71
8	Rheinstr.	Bahnhofstr.—Welschgasse	56,0	0,24	5,43	7	176,4	8,2	9	184,6	—	90,21	90,09	1:475	181	800	661	1,32	88
9	Rheinstr.	Welschgasse—Straße g. u. n.	83,5	0,64	5,97	8	184,6	18,3	10	202,9	—	90,09	89,91	1:475	194	800	661	1,32	96
10	Rheinstr.	Straße g. u. n—Austr.	118,4	0,76	6,73	9	202,9	25,8	11	228,7	—	89,91	89,66	1:475	216	800	661	1,32	103
11	Rheinstr.	Austraße—Straße m	40,0	0,15	6,88	10	228,7	5,1	12	233,8	—	89,66	89,58	1:475	231	800	661	1,32	114
12	Rheinstr.	Straße m—Auslaß	470,0	—	—	11	233,8	—	—	—	—	89,58	88,91	1:785	231	800	515	1,03	115

Die Abfluszahlen sind reichlich grofs, wie der Vergleich mit den untenstehenden Berechnungsannahmen gröfserer Städte zeigt. Dabei ist noch zu beachten, dafs wenige Orte meteorologisch so günstig liegen wie Oppau, dafs die Bebauungsdichte gewöhnlich gröfser ist, dafs die Strafsen in den unten angegebenen Städten fast undurchlässige Gehwege und Fahrbahnen haben und auch die Höfe meistens gepflastert sind. Die Gefälle sind selten so gering wie in Oppau. Aufserdem haben die Städte grofsen Verkehr. Sie sind finanziell leistungsfähiger als der kleine Arbeiterort. Sie sind eher verpflichtet und eher imstande eine seltener voll belastete Kanalisation auszuführen. Die Aufstellung unten zeigt aber, dafs die Leistungsfähigkeit der projektierten Oppauer Kanalisation nicht zurücksteht hinter der Leistungsfähigkeit mancher grofsstädtischen Kanalanlagen.

	Abfluss bei dichter Bauweise l/sekha	Abfluss bei geschlossener Bauweise l/sekha	Abfluss bei offener Bauweise l/sekha	
Berlin	21	11	—	
Dresden	50	40	30	
Spandau	20	16	—	[1]
Strafsburg	37	37	37	
Wiesbaden . . .	—	—	36	
Karlsruhe i. B. . . .	18		—	
Freiburg i. B. . . .	—	20—50	—	[2]
Mülhausen	—	20—30	—	
Stuttgart	—	12—17	—	

5. Gefälle.

Mit vieler Mühe gelang es, die geringen Höhenunterschiede des Geländes für die Kanalisation richtig auszunutzen.

Der tiefste Kanalpunkt — der Auslafs — liegt auf der bestehenden Sohlenhöhe des Vorflutgrabens. Der untere Teil des Hauptkanals fällt 1 : 800. Geringere Gefälle als 1 : 800 sind überhaupt nicht vorhanden. Das gröfste Gefälle ist 1 : 75.

Die Kanalgefälle könnten nur durch Tieferlegen der Sohle des Vorflutgrabens verbessert werden. Die Rheinwasserstände — das Mittelwasser liegt auf + 89,017 m N. N., die Auslafssohle auf + 88,60 m N. N. — verbieten diese Vertiefung. Schon bei der jetzigen Lage ist während 20—50 Tagen des Jahres die Möglichkeit des freien Wasserabflusses vom Graben nach dem Rheine nicht vorhanden.

Der neu projektierte Kanal mündet neben dem vor einigen Jahren gebauten auf der gleichen Sohlenhöhe aus. Bis jetzt ist der Ausflufs des alten Kanals zum Graben selbst bei den Hochwasserständen des Rheins nie behindert gewesen. Für die nächste Zukunft wird das dammbewehrte Rheinvorland auch die Abwässer des neuen Kanals aufnehmen können, zumal hierfür nur die wenigen Tage, an welchen höhere Wasserstände eintreten, in Betracht kommen.

Später, wenn die Abflufsmengen gröfser geworden sind, oder wenn das Rheinvorland bebaut wird, ist der Pumpbetrieb nicht zu umgehen.

6. Tieflage der Kanäle.

Die Rheinwasserstände setzen der Sohlentiefe der Kanäle bestimmte Grenzen. Die Notwendigkeit, alle tiefgelegenen Punkte zu entwässern und die Kanäle frostfrei und stofssicher zu überdecken, beschränkt die Höhenlage. Die Kanalsohle liegt überall wenigstens 1,5 m unter der Strafse; die gröfste

Bettungstiefe ist 3,8 m. Der Scheitel der Kanäle ist 1,2—3,4 m überdeckt.

Die Kanalsohlen liegen fast durchweg tiefer als die Kellersohlen. Die Möglichkeit der Kellerentwässerung ist aber bei dem voraussichtlich gänzlichen Mangel an Kellereinläufen praktisch ohne Bedeutung.

7. Profilberechnung.

Die Kanalprofile sind nach der vereinfachten Kutterschen Formel

$$v = \frac{100 \, \sqrt{G}}{m + \sqrt{G}} \, \sqrt{G \, J}; \quad Q = v \cdot F;$$

berechnet.

Q ist die Durchflufsmenge in der Sekunde.

J ist das Gefälle im Verhältnis zur Fallänge.

m ist der Rauhigkeitsgrad der Kanalwand (= 0,25).

F ist der lichte Profilquerschnitt.

$G = \dfrac{F}{U}$ ist die Geschwindigkeitstiefe des Profils.

U ist der vom Wasser benetzte Profilumfang.

Die Berechnung ergibt kreisförmige Querschnitte von 200—500 mm lichtem Durchmesser und Eiprofile von $500/750$ bis $1000/1500$ mm lichter Weite.

8. Verzögerung.

Alle gegebenen und ermittelten Zahlenwerte sind in übersichtlichen Tafeln zusammengestellt.

(Siehe die Tabellen auf S. 8 bis 12.)

Besonders wichtig sind die Ermittelungen der Abflufsgeschwindigkeiten und Abflufszeiten in den Kanälen.

Es ist ohne weiteres klar, dafs der Abflufsvorgang an irgendeinem Punkte der Kanalisation nicht mit der Beendigung des Regens aufhört. Ja, bei langen Kanälen und kleinen Durchflufsgeschwindigkeiten kommt es vor, dafs die am Beginne des Regens irgendwo oben in den Kanal geflossene Regenmenge erst lange nach Beendigung des Regens die weiter unten liegenden Kanalstrecken[1] passiert.

Der Zuflufs von den nahe an diesen unteren Kanalstrecken liegenden Flächen hört aber bald nach Beendigung des Regens auf. Die Abflüsse dieser näher liegenden Flächen und der weiter entfernten oben liegenden Gebiete belasten deshalb nie gleichzeitig den betreffenden Kanal.

Für die Berechnung der Kanalstrecken scheiden also entweder diejenigen Abflufsmengen aus, welche von den entfernten Gebieten noch nicht angekommen sind, oder diejenigen der näher gelegenen Flächen, welche abgeflossen sind, ehe die der entfernten Gebiete eintrafen.

Zur Veranschaulichung der Abflufsvorgänge benutzt man vorteilhaft eine schematische Aufzeichnung der Kanalisation: die Kanallängen werden als Abszissen, die zu jeder Strecke gehörigen Abflufsflächen als Ordinaten aufgetragen. Die über einem Kanalpunkt liegende — nicht unterbrochene — Ordinate stellt das Gebiet dar, dessen Abflüsse diesen Punkt passieren.

Die Durchflufszeit jeder Kanalstrecke ist berechnet und in die Darstellung eingetragen.

Die Fliefszeit der in jeder beliebigen Strecke eingelaufenen Wassermenge bis zu jeder weiter unten liegenden Strecke ist durch Zusammenzählen der Durchflufszeiten ermittelt. Die Werte sind — in Sekunden — am Ende jeder Kanalstrecke in dem Plan angegeben.

Diejenigen Punkte, an welchen die Fliefszeiten gleich der Regendauer sind, wurden durch Linien — die sog. »Verzögerungskurve« — verbunden.

---

[1] Wutke: »Die deutschen Städte«. Leipzig 1904. Bd. I, S. 386.
[2] »Handbuch der Hygiene«. Bd. II, Abt. I. Sonderdruck »Büsing Kanalisation«, S. 141.

[1] Unter »Kanalstrecke« ist der Kanal in einer Strafse zwischen zwei benachbarten Strafsenkreuzungen verstanden.

Durch Zusammenzählen der — von der Verzögerungs-kurve nicht eingeschlossenen — »Durchflußordinaten« ergibt sich für jeden Punkt der Kanalisation die Zuflußfläche im Augenblick der Beendigung des Regenfalls.

So ist die am Ende des Regens wirksame Zuflußfläche für jeden Kanal aufgesucht. Die Abflußmenge entspricht der gefundenen Zuflußfläche.

(Unter der Bezeichnung: »Infolge Verzögerung scheiden aus, bei Beendigung des Regens« sind in den Berechnungs-tafeln die Wassermengen angegeben, welche den von der Ver-zögerungskurve eingeschlossenen Ordinaten entsprechen. Die Rechnung wird dadurch praktisch vereinfacht.)

Die infolge der Verzögerung am Ende des Regens noch nicht angekommene Wassermenge ist um so größer, je weiter die betrachtete Strecke von den oberen Abflußflächen ent-fernt ist. Am Ende des Regens kann die Durchflußmenge einer unten liegenden Sammlerstrecke — infolge der Verzö-gerung — weniger betragen als die einer weiter oben liegenden Stelle. Natürlich ist der Kanal nicht für diese kleinere Durch-flußmenge zu berechnen, sondern für die größte Menge, welche vielleicht erst einige Minuten nach dem Aufhören des Regen-falls eintrifft.

Beachtet man, daß die größte Wassermenge der oben gelegenen Punkte die unteren Kanalstrecken passieren muß, dann ist die größte Durchflußmenge für jede Kanalstrecke leicht zu finden.

Die Zeit, welche verfließt von der Beendigung des Regens bis zur Ankunft der größten Durchflußmenge, ist für jede Strecke festgestellt und in die Tafeln eingetragen.

Es ist einfacher, an Stelle der größten Durchflußmenge die geringste Verzögerungsmenge aufzusuchen. Man subtrahiert diese von derjenigen Abflußmenge, welche der gesamten Ab-flußfläche des Kanals entsprechen würde: Der Rest ist die größte Durchflußmenge.

Ein länger andauernder Regen wird eine größere oder selbst die ganze Abflußfläche zur Geltung bringen. Er kann deshalb trotz der geringeren Intensität eine größere Durchflußmenge liefern. Im vorliegenden Falle ist die Aus-dehnung des Entwässerungsgebiets nicht so groß, die Ver-zögerungsmenge deshalb nicht so bedeutend, daß der früher angegebene zweite Regen für die Berechnung in Frage kommt.

9. Leistung des vorhandenen Kanals.

Der vorhandene kreisrunde Zementkanal von 800 mm lichtem Durchmesser liegt so ungünstig, daß es nicht mög-lich war, ihn seiner Leistungsfähigkeit entsprechend zu be-lasten.

Die Gebiete welche in ihn entwässern, sind nebst allen Berechnungen in den Tafeln angegeben.

Durch die Mitbenutzung des alten Kanals konnte das Profil des neuen Hauptsammlers auf 470 m Länge von $^{1100}/_{1650}$ mm lichter Weite zu $^{1000}/_{1500}$ mm lichter Weite ver-ringert werden. Die hierdurch erzielte Ersparnis beträgt etwa $\mathcal{M}$ 4000.

D. Einheitspreise und Kostenvoranschlag.

1. Einheitspreise.

Erdarbeiten: Ausschachten und Einfüllen der Baugrube, sowie Abfahren des übrigen Bau-
grundes 1 cbm . . . . $\mathcal{M}$ 1.60
     Verschalen der Baugrube 1 qm . . . . . . › 0.30
Einsteigeschächte: Sohle, Sohlenmauerwerk, Hals,
Aufmauerung, Abdeckung, Pflaster und Steig-
eisen . . . . › 140.—
     Schaft für 1 stgm (1 Stück Betonring) . . . › 13.40

Ventilationen: Abdeckung: 1 Stück komb. Lampen-
loch-Deckkasten mit Ventilation (Münchener
Modell) . . . . $\mathcal{M}$ 46.—
     Steinzeugrohre, 200 mm l. W., etwa 2,00 m . . › 4.—
     Arbeitslohn und Versetzen . . . . › 20.—
Spülapparate: Kanalspüler mit Heberwirkung, System
Geiger . . . . › 200.—
     Einsteigeschacht dazu, vollständig . . . . › 150.—
     Erdarbeiten, Mauerwerk usw. für den Wasser-
behälter . . . . › 150.—
Sinkkasten: Steinzeug-Unterteil mit eisernem Ein-
lauf (Münchener Modell), fertig versetzt . . › 90.—

(Siehe nachstehende Tabellen Kostenanschlag S. 15—19.)

E. Die Ausführung der Kanalisation.

1. Straßenlage und Führung der Kanäle.

Bei der bestehenden Linienführung der Ortsstraßen mußten die Sammelkanäle naturgemäß in die Hauptstraßen zu liegen kommen. Die Nebenstraßen liegen durchweg tiefer als die in neuerer Zeit aufgehöhten Verkehrsstraßen. Diese eigenartigen Gefällsverhältnisse erschwerten die Anordnung der Kanäle, sie machten es unmöglich, die Nebenkanäle stets auf dem kürzesten Wege in die Sammler zu bringen.

Es wird zweckmäßig sein, mit der Kanalisation eine Korrektion der Straßenlängenprofile zu verbinden. Die not-wendigsten Verbesserungen sind in den Längenprofilen der Kanalisation angegeben.

2. Kanalbaumaterialien.

Für die kleinen Kanäle sind kreisrunde Steinzeugröhren bis zu 500 mm lichtem Durchmesser vorgesehen. Die Muffen sollen bei einigen Strecken mit Teerstrick-Asphaltkitt, bei anderen mit Teerstrick-Letten-Zement gedichtet werden.

Die größeren Kanäle werden in Zementbetonröhren oder in Stampfbeton gebaut. Der Beton wird durch Steinzeug-einlagen auf der Sohle gegen die Angriffe der Abwässer ge-schützt.

3. Kanalbetrieb.

Der Kanalbetrieb beschränkt sich auf die Reinigung und die Kontrolle des baulichen Zustandes der Kanäle. Die Reini-gung wird durch selbsttätige Spülapparate, durch Schieber-stellungen in den Schächten und — wenn nötig — auch durch Bürsten und Spülwagen bewirkt.

Die Kontrolle erfolgt bei den begehbaren Kanälen durch direkte Besichtigung. Die kleineren Kanäle werden von den Schächten und Ventilationsröhren aus abgeleuchtet.

4. Schächte.

Zum Einbringen der Reinigungsapparate und zum Er-möglichen der Kontrolle sind an den Straßenkreuzungen und an allen Stellen, wo die Kanäle die Richtung ändern, Ein-steigschächte angeordnet. Sie erhalten eine lichte Weite von 1 m. Die Gerinne und der Schachtboden werden der besseren Haltbarkeit wegen aus Klinkern gemauert. Für die Schacht-wand und den Schachthals kommen im Fabrikbetrieb her-gestellte Zementröhren und Kegelstumpfe zur Verwendung.

In den Schächten greifen die einzelnen Kanalgebiete in-einander. Die Kanäle laufen entweder in dem Schacht durch, oder sie münden hier in den durchlaufenden Kanal ein. Die einem anderen Gebiet angehörenden Kanäle, welche im Schacht ihren Ursprung haben, liegen mit der Sohlenhöhe auf der Scheitelhöhe des durchlaufenden Kanals. Die Über-

D, 2. Kostenanschlag: Kanalisation Oppau.

Nr.	Kanalstrecke von	bis	Kanal Länge m	Kanal Profil mm	Kanal Preis für lfd. m	Ausheben u. Einfüllen Breite m	Ausheben Mittl. Tiefe m	Ausheben cbm	Ausheben Preis für lfd. m	Verschalen der Baugrube Preis für lfd. m	Legen u. Dichten der Rohre einschl. Dichtmaterial Preis für lfd. m	Preis des Kanals für lfd. m	Schächte Stück	Schächte Preis	Ventilationen Stück	Ventilationen Preis	Schieber Stück	Schieber Preis	Sinkkasten Stück	Sinkkasten Preis	Gesamtpreis Zur sofortigen Ausführung	Gesamtpreis Zur späteren Ausführung	Bemerkung
1	Westendstr.	Ende—Strafse e	31,0	250	3,25	0,80	0,93	0,74	1,20	0,55	0,80	5,80	1	140	—	—	—	—	2	180	1 000	—	Spül-apparat
2	Strafse e	Kirchstr.—Strafse p	88,1	200	2,40	0,80	0,96	0,77	1,20	0,55	0,60	4,75	—	—	1	70	1	5	2	180	—	670	
3	Strafse p	Maxstr.—Strafse e	186,0	250	3,25	0,80	0,55	0,44	0,70	0,35	0,80	5,10	—	—	2	140	1	5	1	90	—	1 180	
4	Strafse e	Strafse p—Strafse u	25,9	300	4,35	0,80	0,70	0,56	0,90	0,40	1,00	6,65	1	140	—	—	—	—	2	180	—	490	
5	Strafse f	Strafse x—Westendstr.	145,0	350	5,40	0,80	0,96	0,77	1,20	0,55	1,00	8,15	2	280	1	70	—	—	1	90	—	1 550	
6	Westendstr.	Strafse f—Strafse q	147,7	475	10,85	0,90	1,68	1,51	2,45	1,00	1,60	15,90	1	145	1	70	1	5	1	90	2 650	—	
7	Westendstr.	Strafse q—Maxstr.	12,8	475	10,85	0,90	2,24	2,02	3,20	1,35	1,60	17,00	1	150	—	—	—	—	2	180	550	—	
8	Maxstr.	Kirchstr.—Strafse p	73,9	200	2,40	0,80	1,10	0,88	1,40	0,65	0,60	5,05	—	—	1	70	—	—	2	180	550	—	
9	Maxstr.	Strafse p—Westendstr.	115,0	200	2,40	0,80	1,45	1,16	1,85	0,85	0,60	5,70	1	140	—	—	—	—	1	90	960	—	
10	Westendstr.	Maxstr.—Wilhelmstr.	59,8	500	11,55	1,00	2,06	2,06	3,30	1,20	1,80	17,85	1	150	1	70	—	—	2	180	1 400	—	
11	Wilhelmstr.	Kirchstr.—Westendstr.	185,5	200	2,40	0,80	1,30	1,04	1,65	0,80	0,60	5,45	1	140	1	70	—	—	1	90	1 310	—	
12	Westendstr.	Wilhelmstr.—Ludwigstr.	54,7	500/750	7,70	1,00	1,96	1,96	3,15	1,20	2,00	14,05	1	150	1	70	—	—	2	180	1 100	—	
13	Ludwigstr.	Kirchstr.—Westendstr.	188,0	200	2,40	0,80	1,78	1,92	3,07	1,06	0,60	7,15	1	145	1	70	—	—	1	90	1 650	—	
14	Westendstr.	Ludwigstr.—Königstr.	80,5	500/750	7,70	1,00	2,04	2,04	3,25	1,20	2,00	14,15	1	150	1	70	—	—	2	180	1 470	—	
15	Königstr.	Kirchstr.—Westendstr.	182,0	200	2,40	0,80	1,88	1,46	2,35	1,10	0,60	6,45	1	145	1	70	—	—	1	90	1 480	—	
16	Friedrichstr.	Königstr.—Oggersheimerstr.	12,5	600/900	10,60	1,05	2,02	2,12	3,40	1,20	2,00	17,20	1	150	1	70	1	5	1	90	370	—	
17	Strafse u	Strafse v—Oggersheimerstr.	152,0	250	3,25	0,80	0,26	0,21	0,35	0,15	0,80	4,55	1	140	—	—	—	—	1	90	—	1 450	Spül-apparat
18	Strafse u	Strafse r und s	130,3	350	5,40	0,80	0,43	0,34	0,55	0,25	1,00	7,20	1	140	—	—	—	—	1	90	—	1 330	
19	Strafse q	Westendstr.—Strafse r	132,9	350	5,40	0,80	1,23	0,98	1,55	0,75	0,80	6,35	1	140	—	—	—	—	1	90	—	1 160	
20	Strafse r	Strafse q—Oggersheimerstr.	173,5	250	3,25	0,80	0,58	0,46	0,75	0,35	0,80	7,50	2	280	—	—	—	—	1	90	—	1 740	Spül-apparat
21	Strafse s	Strafse s—Strafse t	140,0	250	3,25	1,00	0,61	0,49	0,80	0,40	2,00	5,25	1	140	—	—	—	—	1	90	—	1 540	
22	Oggersheimerstr.	Strafse s—Oggersheimerstr.	61,3	500/750	7,70	0,80	0,55	0,55	0,90	0,35	0,80	10,95	1	140	—	—	—	—	2	180	—	900	
23	Strafse l	Strafse a—Oggersheimerstr.	142,8	250	3,25	0,80	0,71	0,57	0,80	0,40	2,00	5,35	2	280	—	—	—	—	1	90	—	1 140	
24	Oggersheimerstr.	Strafse t—Friedrichstr.	77,9	700/1050	13,60	1,00	1,28	1,28	2,05	0,80	2,00	12,55	2	280	—	—	—	—	2	180	—	1 350	
25	Friedrichstr.	Oggersheimerstr.—Schulstr.	125,5	700/1050	13,60	1,15	2,15	2,47	3,95	1,30	3,00	21,85	1	150	1	70	—	—	2	180	3 140	—	
26	Schulstr.	Kirchstr.—Friedrichstr.	178,5	200	2,40	0,80	2,26	1,81	2,90	1,35	0,60	7,20	1	150	1	70	—	—	1	90	1 600	—	
27	Friedrichstr.	Schulstr.—Schillerstr.	29,5	700/1050	13,60	1,15	2,31	2,66	4,25	1,40	3,00	22,25	1	150	1	70	—	—	1	90	900	—	
28	Schillerstr.	Kirchstr.—Friedrichstr.	172,0	200	2,40	0,80	2,41	1,93	3,05	1,45	0,60	7,50	1	155	1	70	—	—	2	180	1 600	—	
29	Friedrichstr.	Schillerstr.—Rathausstr.	68,1	700/1050	13,60	1,15	2,49	2,86	4,55	1,50	3,00	22,65	1	155	1	70	—	—	1	90	1 880	—	
30	Rathausstr.	Kirchstr.—Friedrichstr.	177,0	200	2,40	0,80	3,01	2,41	3,90	1,80	0,60	8,70	1	165	1	70	—	—	1	90	1 860	—	
31	Friedrichstr.	Rathausstr.—Rheinstr.	76,9	700/1050	13,60	1,15	2,62	3,01	4,80	1,55	3,00	23,00	1	140	1	70	—	—	2	180	2 090	—	
32	Edigheimerstr.	Gemeindegrenze—Gutenbergstrafse	134,2	250	3,25	0,80	1,83	1,46	2,35	1,10	0,80	7,50	1	160	1	70	—	—	2	180	1 920	—	
33	Gutenbergstr.	Karolinenstr.—Edigheimerstr.	85,0	200	2,40	0,80	1,53	1,22	1,95	0,95	0,60	5,90	1	145	—	—	1	5	1	90	810	—	Spül-apparat
34	Edigheimerstr.	Gutenbergstr.—II. Dammbruchstr.	47,8	300	4,35	0,80	2,02	1,62	2,60	1,20	1,00	9,15	1	150	—	—	1	5	2	180	770	—	
35	II. Dammbruchstr.	Karolinenstr.—Edigheimerstr.	95,0	200	2,40	0,80	1,78	1,42	2,25	1,10	0,60	6,35	1	145	—	—	1	5	1	90	1 000	—	
36	Edigheimerstr.	II. Dammbruchstr.—I. Dammbruchstr.	38,4	325	5,05	0,80	2,21	1,77	2,85	1,30	1,00	10,20	1	150	—	—	1	5	2	180	720	—	
37	I. Dammbruchstr.	Karolinenstr.—Edigheimerstr.	106,0	200	2,40	0,80	2,13	1,70	2,70	1,25	0,60	6,95	1	150	—	—	1	5	1	90	1 050	—	
38	Edigheimerstr.	I. Dammbruchstr.—Bismarckstrafse	206,9	475	10,85	0,90	2,84	2,56	4,10	1,70	1,60	18,25	3	480	1	70	—	—	1	90	4 420	—	
												Übertrag	41	—	21	—	9	—	54	—	38 250	14 500	

D, 2. Kostenanschlag: Kanalisation Oppau.

Nr.	Kanalstrecke	von	bis	Kanal Länge m	Kanal Profil m	Kanal Preis pro lfd. m	Ausheben u. Einfüllen Breite m	Mittl. Tiefe m	cbm	Preis pro lfd. m	Verschalen Preis pro lfd. m	Legen u. Dichten Preis pro lfd. m	Preis des Kanals pro lfd. m	Schächte Stück	Schächte Preis	Ventil. Stück	Ventil. Preis	Schieber Stück	Schieber Preis	Sinkkasten Stück	Sinkkasten Preis	Gesamtpreis sofort	Gesamtpreis später	Bemerkung
													Übertrag:	41		21		9		54		38 250	14 500	
39	Karolinenstr.	Gemeindegrenze	Gutenbergstr.	139,0	200	2,40	0,80	1,25	1,00	1,60	0,75	0,60	5,35	2	280							1 750		Spül-apparat
40	Gutenbergstr.	Ende	Karolinenstr.	69,0	200	2,40	0,80	1,50	1,20	1,90	0,90	0,60	5,80	2	280					2	180	760		
41	Karolinenstr.	Gutenbergstr.	II. Dammbruchstr.	47,5	300	4,35	0,80	1,40	1,12	1,80	0,85	1,00	8,00							2	180	560		
42	II. Dammbruchstr.	Ende	Karolinenstr.	73,5	200	2,40	0,80	1,42	1,14	1,80	0,85	0,60	5,65	1	140					1	90	650		
43	Karolinenstr.	II. Dammbruchstr.	Straße 1	65,4	325	5,05	0,80	1,95	1,56	2,50	1,20	1,00	9,75	1	150					3	270	970		
44	Straße 1	Ende	Karolinenstr.	129,0	200	2,40	0,80	1,71	1,37	2,20	1,00	0,60	6,20	2	290			1	5	2	180		1 180	
45	Karolinenstr.	Straße 1	Gabelsbergerstr.	75,4	425	7,60	0,80	2,36	1,89	3,00	1,40	1,40	13,40	1	155	1	70			2	180	1 350		
46	Gabelsbergerstr.	Ende	Karolinenstr.	133,0	250	3,25	0,80	2,23	1,78	2,85	1,35	0,80	8,25	2	150					2	180	1 500		
47	Karolinenstr.	Gabelsbergerstr.	Bismarckstr.	103,2	475	10,85	0,90	2,14	1,93	3,10	1,30	1,60	16,85	2	300					1	90	2 130		
48	Straße 2	Straße 3	Kirchstr.	68,2	200	2,40	0,80	1,42	1,14	1,80	0,85	0,60	5,65			1	70	1	5	3	270		660	
49	Straße 3	Straße 2	Straße 4 und 5	179,0	300	4,35	0,80	0,42	0,34	0,55	0,25	0,60	6,15	2	280			1	5	2	180		1 630	
50	Straße 4	Gabelsbergerstr.	Straße 6	78,8	250	3,25	0,80	0,99	0,79	1,25	0,60	0,80	5,90	1	140	1	70			1	90		690	
51	Straße 5	Kirchstr.	Straße 6	100,0	200	2,40	0,80	1,04	0,83	1,30	0,60	0,60	4,90			1	70			1	90		660	
52	Straße 6	Straße 4 und 5	Straße 7	127,0	425	7,60	0,80	0,66	0,53	0,85	0,40	1,40	10,25	2	280			1	5	2	180		1 760	
53	Straße 7	Gabelsbergerstr.	Straße 6	92,5	250	4,35	0,80	1,72	1,38	2,20	1,00	0,80	8,35	1	145					1	90		920	
54	Straße 7	Straße 6	Straße 9	18,3	475	10,85	0,90	1,17	1,05	1,70	0,70	1,60	14,85	1	140			1	5	1	90		500	
55	Straße 8	Kirchstr.	Straße 9	85,5	200	2,40	0,80	1,58	1,26	2,05	1,00	0,60	6,05			1	70	1	5	1	90		610	
56	Straße 9	Straße 8	Straße 10	144,7	500	11,55	1,00	1,60	1,60	2,55	1,00	1,80	16,90	1	140					2	180		2 640	
57	Straße 10	Kirchstr.	Straße 9	80,5	200	2,40	0,80	1,13	0,90	1,45	0,70	0,60	5,15	1	140	1	70	1	5	1	90		560	
58	Straße 10	Straße 9	Bismarckstr.	9,5	600/900	10,60	1,05	1,87	1,96	3,15	1,10	2,00	16,85	1	145								400	
59	Bismarckstr.	Karolinenstr.	Edigheimerstraße	168,9	600/900	10,60	1,05	2,63	2,76	4,40	1,60	2,00	18,60											
60	Edigheimerstr.	Bismarckstr.	Kirchstr.	105,6	600/900	10,60	1,05	3,47	3,64	5,80	2,05	2,00	20,45	2	320	1	70			1	90	3 620		Spül-apparat
61	Kirchstr.	Straße e u. 2	Maxstr.	188,9	250	3,25	0,90	1,61	1,29	2,10	1,00	0,80	7,15	1	180	1	70			2	180	2 500		
62	Kirchstr.	Maxstr.	Wilhelmstr.	57,1	300	4,35	0,80	1,78	1,42	2,30	1,10	1,00	8,75	2	280	1	70			2	180	2 380		
63	Kirchstr.	Wilhelmstr.	Ludwigstr.	59,8	300	4,35	0,80	1,80	1,44	2,30	1,20	1,00	8,75	2	180					2	180	860		
64	Kirchstr.	Ludwigstr.	Königstr.	74,1	300	4,85	0,80	1,97	1,58	2,50	1,35	1,00	9,05	1	290					2	180	990		
65	Kirchstr.	Königstr.	Straße 10	64,4	325	5,05	0,80	2,27	1,82	2,90	1,50	1,00	10,30	1	150					2	180	1 000		
66	Kirchstr.	Straße 10	Schulstr.	81,5	325	5,05	0,80	2,53	2,02	3,20	1,70	1,00	10,75	1	150					2	180	990		
67	Kirchstr.	Schulstr.	Schillerstr.	27,6	350	5,40	0,80	2,81	2,25	3,60	2,05	1,00	10,70	1	155					1	90	1 210		
68	Kirchstr.	Schillerstr.	Rathausstr.	70,2	350	5,40	0,80	3,39	2,71	4,35	2,15	1,00	12,80	1	165					1	90	550		
69	Kirchstr.	Rathausstr.	Edigheimerstraße	47,3	350	5,40	0,80	3,62	2,90	4,65	2,15	1,00	13,20	1	180					1	90	1 170		
70	Edigheimerstr.	Kirchstr.	Friedhofstr.	13,6	600/900	10,60	1,05	3,57	3,75	6,00	2,15	2,00	20,75	1	185					1	90	900		
71	Bahnhofstr.	Friedhofstr.	Rheinstr.	172,5	600/900	10,60	1,05	3,07	3,22	5,15	1,80	2,00	19,55	1	180					1	90	550		
72	Straße d	Straße v	Friesenheimerstr.	137,4	250	3,25	0,80	1,21	0,97	1,55	0,70	0,80	6,30	2	350					2	180	3 800		
73	Friesenheimerstr.	Straße d	Straße c	20,4	300	4,35	0,80	2,09	1,67	2,65	1,30	1,00	9,30			1	70			2	180		1 120	
74	Friesenheimerstr.	Straße c	Straße b	133,6	350	5,40	0,80	1,79	1,43	2,30	1,10	1,00	9,80	1	150					2	180	520		
75	Straße b	Straße a	Straße v	21,1	200	2,40	0,80	0,80	0,64	1,00	0,50	0,60	4,50	1	145					1	90		180	

Nr.	Strafse	Strecke												St.	M	St.	M		St.	St.	M	M	M
76	Strafse v	Strafse d—Strafse b	181,2	225	2,70	0,80	0,61	0,41	0,65	0,30	0,70	4,35	—	—	1	70	—	—	1	90	—	730
77	Strafse b	Strafse v—Platz west	129,7	325	5,05	0,80	0,81	0,65	1,00	0,50	1,00	7,55	2	280	1	70	—	—	1	90	—	1 420
78	Strafse b	Platz west—Friesenheimerstrafse	30,0	375	6,15	0,80	1,17	0,94	1,50	0,70	1,20	9,55	1	140	—	—	—	—	1	90	650	520
79	Friesenheimerstr.	Strafse b—Platz nord	25,9	475	10,85	0,90	1,58	1,42	2,25	0,95	1,60	15,65	1	150	—	—	—	—	1	90	—	—
80	Platz nord	Ende—Friesenheimerstrafse	50,9	200	2,40	0,80	1,20	0,96	1,50	0,70	0,60	5,20	1	140	—	—	—	—	2	180	2 140	580
81	Friesenheimerstr.	Platz nord—Strafse h	104,5	475	10,85	0,90	1,74	1,57	2,50	1,05	1,60	16,00	2	290	—	—	—	—	2	180	310	—
82	Friesenheimerstr.	Strafse h—Luitpoldstr.	5,0	475	10,85	0,90	1,71	1,54	2,45	1,00	1,60	15,90	1	145	—	—	—	—	1	90	—	460
83	Strafse a	Strafse b—Strafse t	77,0	200	2,40	0,80	0,95	0,76	1,20	0,55	0,60	4,75	1	140	—	—	—	—	1	90	—	300
84	Strafse t	Strafse a—Pilgerstr.	14,9	200	2,40	0,80	1,19	0,95	1,50	0,70	0,60	5,20	1	300	—	—	—	—	1	90	1 080	—
85	Pilgerstr.	Friedrichstr.—Luitpoldstr.	117,1	200	2,40	0,80	1,51	1,21	1,95	0,90	0,60	5,85	2	140	—	—	—	—	1	90	1 720	—
86	Luitpoldstr.	Pilgerstr.—Friesenheimerstrafse	152,9	350	5,40	0,80	1,53	1,22	1,95	0,95	1,00	9,80	1	150	1	70	—	—	1	90	2 110	—
87	Friesenheimerstr.	Luitpoldstr.—Rheinstr.	125,1	500/750	7,70	1,00	2,13	2,13	3,40	1,30	2,00	14,40	1	160	1	70	—	—	1	90	2 310	—
88	Rheinstr.	Friedrichstr.—Welschgasse	48,8	900/1350	35,00	1,30	2,71	3,52	5,65	1,60	—	42,25	2	280	—	—	—	—	1	90	970	—
89	Lautereckenstr.	Ende—Göthestr.	115,0	200	2,40	0,80	1,17	0,94	1,50	0,70	0,60	5,20	1	140	1	70	—	—	—	—	700	—
90	Göthestr.	Ende—Lautereckenstr.	87,0	200	2,40	0,80	1,40	1,12	1,80	0,85	0,60	5,65	1	140	1	70	—	—	2	180	410	—
91	Göthestr.	Lautereckenstr.—Friedhofstrafse	13,0	275	3,90	0,80	1,37	1,10	1,75	0,80	0,80	7,25	1	280	—	—	—	—	1	90	1 340	—
92	Friedhofstr.	Ende—Göthestr.	155,6	225	2,70	0,80	1,61	1,21	1,95	0,90	0,70	6,25	2	145	1	70	—	—	1	90	610	—
93	Friedhofstr.	Göthestr.—Welschgasse	38,9	350	5,40	0,80	1,70	1,36	2,15	1,00	1,00	9,55	1	—	—	—	—	—	—	—	—	—
94	Friedhofstr.	Bahnhofstrafse—Welschgasse	71,9	200	2,40	0,80	2,24	1,79	2,90	1,30	0,60	7,20	3	450	1	70	—	—	1	90	610	—
95	Welschgasse	Friedhofstr.—Rheinstr.	202,0	425	7,60	0,80	2,40	1,92	3,10	1,45	1,40	18,55	3	155	1	70	5	1	3	270	3 530	—
96	Rheinstr.	Welschgasse—Strafse g und n	100,2	900/1350	35,00	1,30	2,52	3,28	5,25	1,60	—	41,75	1	150	1	70	5	1	2	180	4 580	1 480
97	Strafse k	Gartenstr.—Strafse h	162,0	200	2,40	0,80	2,18	1,74	2,80	1,30	0,60	7,10	1	140	—	—	5	1	2	180	—	890
98	Strafse h	Friesenheimerstr.—Strafse g	130,0	225	2,70	0,80	0,84	0,67	1,10	0,50	0,70	5,00	1	140	—	—	5	1	1	90	—	1 270
99	Strafse g	Strafse h—Rheinstr.	104,0	325	5,05	0,80	1,58	1,26	2,00	0,95	1,00	9,00	2	280	2	140	5	1	2	180	—	1 290
100	Strafse n	Friedhofstr.—Strafse bb	159,0	200	2,40	0,80	1,20	0,96	1,60	0,70	0,60	5,20	2	300	1	70	5	1	2	180	—	1 510
101	Strafse bb	Strafse m—Strafse n	153,8	200	2,40	0,80	2,26	1,81	2,90	1,40	0,60	7,30	2	800	—	—	—	—	1	90	4 780	1 250
102	Strafse n	Strafse bb—Rheinstr.	81,5	350	5,40	0,80	2,50	2,00	3,60	1,50	1,00	11,50	1	155	1	70	—	—	1	90	—	—
103	Rheinstr.	Strafse g und n—Austr.	100,0	1000/1500	40,00	1,40	2,24	3,14	5,00	1,30	—	46,30	1	150	—	—	—	—	—	—	—	810
104	Strafse c	Friesenheimerstrafse—Strafse as	108,0	225	2,70	0,80	0,88	0,70	1,10	0,55	0,70	5,05	1	140	2	—	5	1	2	180	—	190
105	Strafse c	Strafse as—Strafse o	8,5	275	3,90	0,80	0,37	0,80	0,50	0,25	0,80	5,45	1	140	1	140	—	—	1	90	—	510
106	Strafse w	Ende—Strafse o	74,5	200	2,40	0,80	0,41	0,83	0,55	0,25	0,60	3,80	1	140	2	70	—	—	2	180	—	1 450
107	Strafse o	Strafse c—Gartenstr.	169,0	275	3,90	0,80	0,16	0,13	0,25	0,10	0,80	5,05	2	280	1	70	5	1	1	90	770	—
108	Gartenstr.	Friesenheimerstr.—Strafse k	125,5	200	2,40	0,80	1,28	1,02	0,60	0,80	0,60	5,40	—	—	—	—	—	—	2	180	1 270	—
109	Gartenstr.	Strafse k—Austr.	71,4	450	9,05	0,90	1,31	1,18	1,90	0,80	1,50	13,25	1	140	1	70	—	—	1	90	490	—
110	Gartenstr.	Strafse l—Austr.	50,5	200	2,40	0,80	1,16	0,93	1,50	0,70	0,60	5,20	1	140	—	—	5	1	1	90	2 600	—
111	Austr.	Gartenstr.—Strafse i	158,8	450	9,05	0,90	1,33	1,20	1,90	0,80	1,50	13,25	1	140	1	70	—	—	2	180	—	580
112	Strafse i	Strafse k—Austr.	101,5	200	2,40	0,80	0,59	0,47	0,75	0,35	0,60	4,10	1	—	1	70	5	1	1	90	2 180	—
113	Austr.	Strafse i—Rheinstr.	137,2	450	9,05	0,90	1,76	1,58	2,50	1,05	1,50	14,10	1	150	1	70	—	—	2	180	2 200	—
114	Rheinstr.	Austr.—Strafse m	44,0	1000/1500	40,00	1,40	2,31	3,23	5,20	1,40	—	46,60	1	—	—	—	—	—	—	—	24 240	—
115	Rheinstr.	Strafse m—Auslafs	470,0	1000/1500	40,00	1,40	2,96	4,14	6,60	1,80	—	48,40	8	1 280	—	210	—	—	—	—	—	—
												—	132	—	48	3	21	157			132 090	43 250

Summe der Schwemmkanalisation ℳ

Pos. 2. Berechnung des Kanalauslasses.

Gegenstand	Einheits-preis		Gesamt-preis	

a) Schacht.

Ausschachten und Einfüllen der Baugrube, sowie Abfahren des übrigen Baugrunds

$$2,35 \cdot 1,60 \cdot 0,28 = 1,05 \text{ cbm}$$
$$3,10 \cdot 1,60 \cdot 2,97 = 14,73 \text{ »}$$
$$1,70 \cdot 0,85 \cdot 2,68 = 3,87 \text{ »}$$
zusammen 19,65 cbm   1 | 60 | 31 | 44

Verschalen der Baugrube:

Fig. 1.   Fig. 2.

$$2 (2,85 + 1,60) \cdot 0,85 = 6,72 \text{ qm}$$
$$(3,10 + (2 \cdot 1,60) + 0,65 + 0,75) \cdot 2,68 = 20,64 \text{ »}$$
$$(1,70 + 2 \cdot 0,85) \cdot 2,68 = 9,11 \text{ »}$$
zusammen 36,47 qm   0 | 30 | 10 | 94

Beton (Mischung 1:5:5).

Sohle: $2,35 \cdot 1.60 \cdot 0,28 = 1,05$ cbm
$3,10 \cdot 1,60 \cdot 0,22 = 1,09$ »
$1,90 \cdot 1,60 \cdot 0,50 = 1,52$ »
Schachtsohle: $0,85 \cdot 1,70 \cdot 0,15 = 0,22$ »

Wand:

Fig. 3.

$(2,10 + 1,40 + 0,90 + 0,70 + 1,20 + 0,70)$
$\cdot 0,20 \cdot 1,20 = 1,68$ cbm
$3,14 \cdot 0,70 \cdot 0,20 \cdot 1,20 = 0,53$ »
$(0,70 + 1,20 + 0,70) \cdot 0,20 \cdot 1,15 = 0,60$ »
$(0,70 \cdot 0,70) \cdot 3,14 \cdot 0,10 = 0,15$ »
Decke: $3,14 \cdot 0,70 \cdot 0,20 \cdot 2,80 = 1,23$ »
$3,14 \cdot 0,60 \cdot 0,20 \cdot 1,30 = 0,49$ »
zusammen 8,56 cbm   38 | — | 325 | 28

Fig. 4.

Abstrich der inneren Wandflächen mit
Zementputz, Mischung: 1 Zement, ¹/₂ Schwarz-
kalk, 2¹/₂ Rheinsand.

Übertrag   — | — | 367 | 66

Pos.	Gegenstand	Einheits-preis	

Übertrag: — | —

$$0,84 \cdot 1,00 = 0,84 \text{ qm}$$
$(1,90 + 1,20 + 0,90 + 0,70 + 1,00$
$+ 0,70) \cdot 1,70 = 10,84$ »
$(0,70 + 1,00 + 0,70) \cdot 1,30 = 3,12$ »
$(0,6 \cdot 0,6) \cdot \dfrac{3,14}{2} = 0,57$ »
$0,6 \cdot 3,14 \cdot 2,70 = 5,09$ »
$0,5 \cdot 3,14 \cdot 1,30 = 2,02$ »
zusammen 22,48 qm   2 | —

Hochwasser Abschlußklappe mit zwei
Aufhängeschienen, umklappbaren Gegen-
gewicht und Gummidichtung, System Geiger   — | —

Abdeckung: Quadratische Schachtab-
deckung Nr. 2 mit Asphaltfüllung für 0,60 m
Schachtweite, System Geiger . . . .   — | —

Steigeisen: 6 Stück . . . .   2 | —

Beipflastern der Abdeckung mit vorhan-
denen Steinen . . . .   — | —

Summe des Schachts   — | —

b) Auslaßbauwerk.

Abbrechen der vorhandenen Beton-Kanal-
ausmündung und Abfahren des Bauschutts,

$$2,15 \cdot 0,60 \cdot 1,50 = 1,935 \text{ cbm}$$ 10 | —

Ausschachten und Ein-
füllen der Baugrube, sowie
Abfahren des übrigen Bau-
grunds:

Fig. 5.   Fig. 6.

$$2,10 \cdot 0,80 \cdot 7,80 = 13,10 \text{ cbm}$$
$$1,50 \cdot 0,50 \cdot 2,10 = 1,58 \text{ »}$$
$$(2,10 + 0,60 + 0,60) \cdot 0,20 \cdot 7,60 = 5,02 \text{ »}$$
zusammen 19,70 cbm   1 | 60

Verschalen der Baugrube:

$$7,80 \cdot 1,50 + 2,30 \cdot 1,60 = 15,38 \text{ qm}$$ — | 30

Beton (Mischung 1:4:7)

Fig. 7.

Fundament:
$(5,00 + 1,00 + 4,5) \cdot 0,5 \cdot 0,8 = 4,2$ cbm
Mauer: $7,8 \cdot 1,12 \cdot 0,60 = 5,24$ »
$7,8 \cdot 0,80 \cdot 0,65 = 1,52$ »
Ausmündung des alten Kanals:
$1,90 \cdot 1,30 \cdot 1,50 = 4,56$ »
Sohle:
$(2,10 + 0,60 + 0,60) \cdot 0,20 \cdot 7,60 = 5,02$ »
zusammen 20,54 cbm   28 | —

Übertrag   — | —

Pos.	Gegenstand	Einheitspreis	Gesamtpreis
	Übertrag	—	630 60
	Abstrich der äuſseren Wandflächen mit Zementputz, Mischung 1 Zement, ¹/₂ Schwarzkalk, 2¹/₂ Rheinsand.		
	7,80 · 0,35 = 2,73 qm		
	7,80 · 0,30 = 2,34 »		
	7,80 · 1,12 = 8,74 »		
	1,90 · 1,60 = 3,04 ».		
	1,90 · 1,50 = 2,85 »		
	zusammen 19,70 qm	2 —	39 40
	Aufschütten des Absperrdammes:		

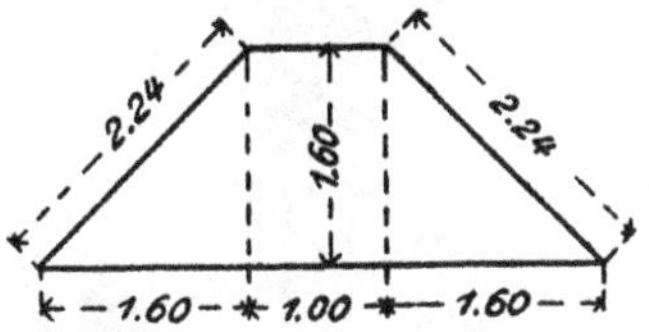

Fig. 8.

(1,00 · 1,60 + 1,60 · 1,60) 1,10 = 4,57 cbm
(1,00 · 0,80 + 0,80 · 0,80) 4,50 = 6,48 »

| | zusammen 11,05 cbm | 1 — | 11 05 |

Besamen der Dammflächen:

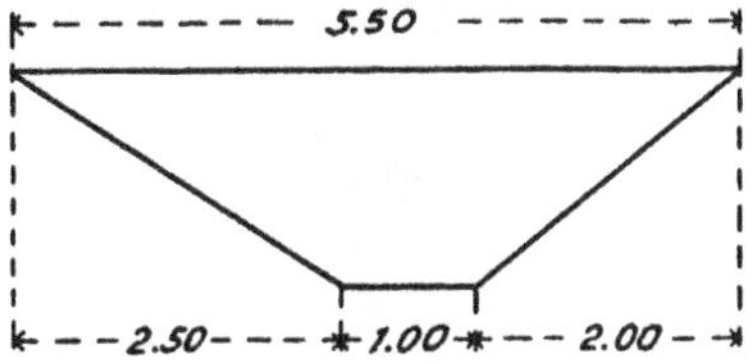

Fig 9.

5,50 · 1,00 = 5,50 qm
2,24 · 1,00 = 2,24 »
1,12 · 4,50 = 5,04 »
2,24 · 5,50 = 12,32 »

| | zusammen 25,10 qm | — 20 | 5 02 |

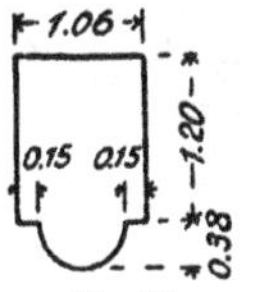

Schutzgitter am Auslaſs:
5,4 lfd. m Flacheisen
30 · 10 mm = 11,75 kg
8,4 lfd. m □ Eisen
10 mm = 6,55 kg

Fig. 10.

	18,30 kg	— 35	6 41
	Aussetzen der Sohle mit gesinterten Feldbrandsteinen:		
	2,10 · 2,00 = 4,20 qm	3 50	14 70
	Summe des Auslaſsbauwerks	— —	707 18

Zusammenstellung.

	Gegenstand		Gesamtpreis
	Schacht	— —	1336 12
	Auslaſsbauwerk	— —	707 18
	Summe des Auslasses	— —	2043 30

Pos.	Gegenstand	Gesamtpreis
1	Schwemmkanalisation, einschl. Einsteigeschächte, Ventilationen, Sinkkasten, Schieber und Spülapparate (vgl. Seite 15—17)	132 090 —
2	Auslaſsbauwerk (s. oben)	2 043 30
3	Unvorhergesehenes	10 866 70
	Gesamtpreis der Kanalisation »Oppau«	145 000 —

höhung trennt die Kanalgebiete. Im vorliegenden Falle wird wegen der geringen Tieflage die Gebietstrennung oft durch einsetzbare Überfallschieber bewirkt.

5. Spülapparate.

Bei den vorerst geringen Schmutzwassermengen und den kleinen Gefällen können sich die Kanäle nicht selbst rein halten. Es ist deshalb vorgesehen, das ganze Kanalnetz künstlich zu spülen. In die oberen Endschächte der Kanalisation werden selbsttätige Spülapparate — System Geiger — eingebaut. Diese erhalten kontinuierlichen Wasserzufluſs aus der projektierten zentralen Wasserversorgung. Das aufgespeicherte Wasser flieſst plötzlich aus und reiſst die in den Kanälen liegen gebliebenen Sinkstoffe fort. Durch bestimmte Schieberstellungen in den Einsteigeschächten kann so von wenigen Punkten aus das ganze Kanalnetz gespült werden.

6. Sinkkasten.

Die Straſsenabflüsse gelangen durch Sinkkasten iu die Kanäle. Ein horizontales Einlaufgitter hält die groben Schwimm- und Schwebestoffe von den Kanälen fern. Der Sinkkastenunterteil wirkt als Sandfang und ist deshalb für das Reinhalten der Kanäle von groſser Bedeutung. Es sollen Geigersche Sinkkasten aus Steinzeug verwendet werden.

7. Lüftung.

Die sich in den Kanälen stets bildenden Zersetzungsgase entweichen durch Ventilationsröhren nach der Straſse. Die senkrechten Röhren erhalten untermauerte Abdeckungen aus Guſseisen, welche das Einführen einer Lampe durch die Ventilationsröhren in den Kanal ermöglichen. Die Hausleitungen sollen ebenfalls zur Kanallüftung benutzt werden.

8. Auslaſs.

Der Schacht vor dem Auslaſs erhält eine selbsttätige Hochwasserabschluſsklappe. Der Auslaſs selbst schützt durch eine abnehmbare Gittertüre den Kanal vor ungebetenen Gästen.

F. Zukunft.

Der Sammelkanal wird später bis in das Rückhaltebecken geführt. Vor dem Rückhaltebecken zweigt ein Schmutzwasserkanal nach der Reinigungsanlage ab. Die gereinigten Schmutzwässer flieſsen bei normalen Fluſswasserständen mit natürlichem Gefälle durch eine Rohrleitung nach dem Rhein. Die Regenabflüsse — soweit sie nicht direkt weiterflieſsen können — stauen sich in ein Rückhaltebecken ein und kommen nach dem Aufhören des Regens zum Abfluſs. Bei höheren Rheinwasserständen müssen Schmutzwasser und Regenwasser gepumpt werden. Auch dabei ist die ausgleichende Tätigkeit des Rückhaltebeckens von hohem Werte.

In dem vorliegenden Projekte ist den heutigen mehr ländlichen und beschränkten Verhältnissen der Gemeinde durchaus Rechnung getragen. Die kommenden städtischen, groſszügigen Verhältnisse sind überall berücksichtigt und gewürdigt.

Mit geringen Mitteln kann die jetzige Anlage den gröſseren verkehrstechnischen, den verwöhnteren hauswirtschaftlichen Ansprüchen der Zukunft angepaſst werden.

Daſs als Folge der Verbesserung der bestehenden hygienischen Zustände die Zahl derer, welche diese Zukunft erleben, vermehrt wird, ist die vornehmste Aufgabe der Kanalisation.

Übersichtsplan.

Norden

Kanalisation Oppau.

Masstab 1:4000.

Verlag von R. Oldenbourg, München u. Berlin

Kanalisation Oppau.   Gebietseinteilung

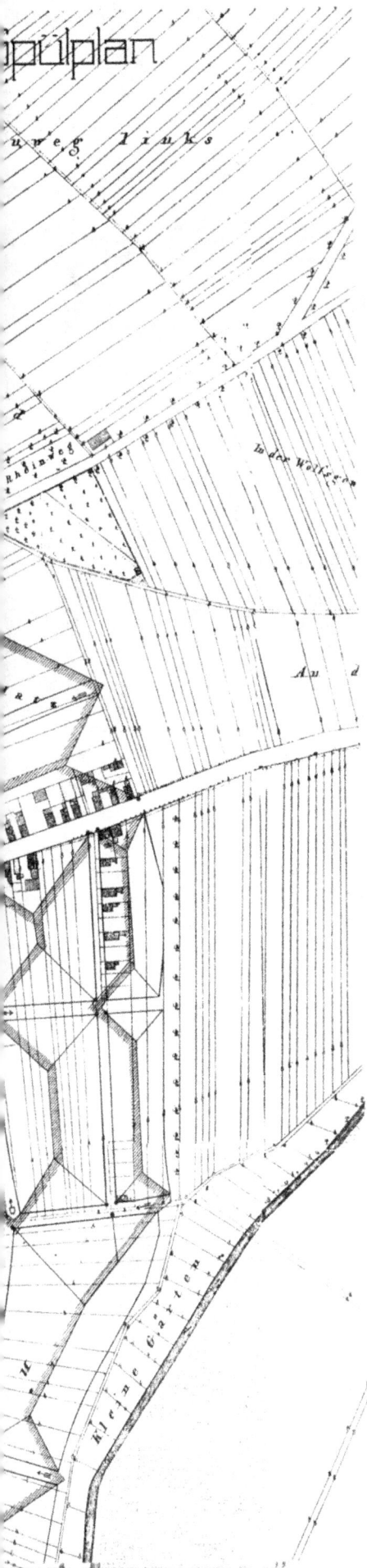

pülplan

uweg links

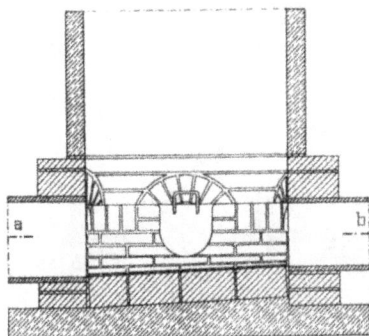

Spülschieber.

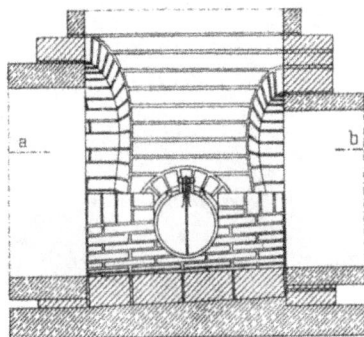

Spülklappe.

a   b

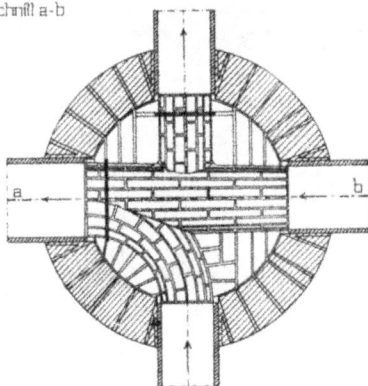

Schnitt a-b

a   b

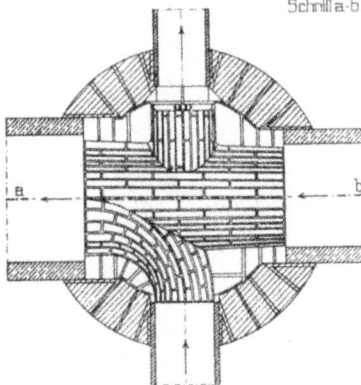

Schnitt a-b

a   b

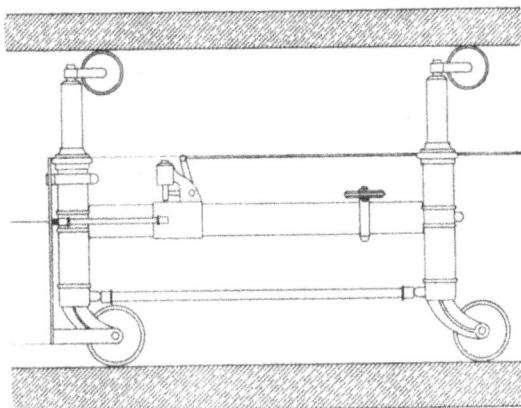

Spülwagen.
Syst. Geiger.

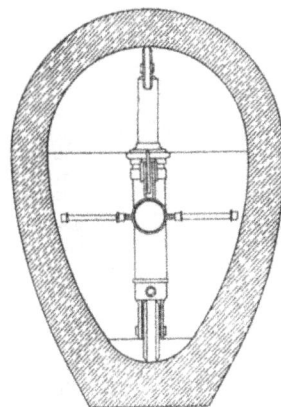

Masstab 1:33⅓

Einwohnerzahl i. J. 1905	3950
Bebaute Fläche i. J. 1905	37,75 ha.
Strassenlänge i. J. 1905	6157,9 m.
Voraussichtliche Bebauung	28,68 ha.
Voraussichtliche Strassenlänge	4791,4 m.
Gesamtfläche	66,43 ha.
Gesamtstrassenlänge	10949,3 m
Die Kanalisation der i. J. 1905	
bebauten Fläche kostet	145000 M.

☐→   Spülapparat.

⌒→   Spülschieber.

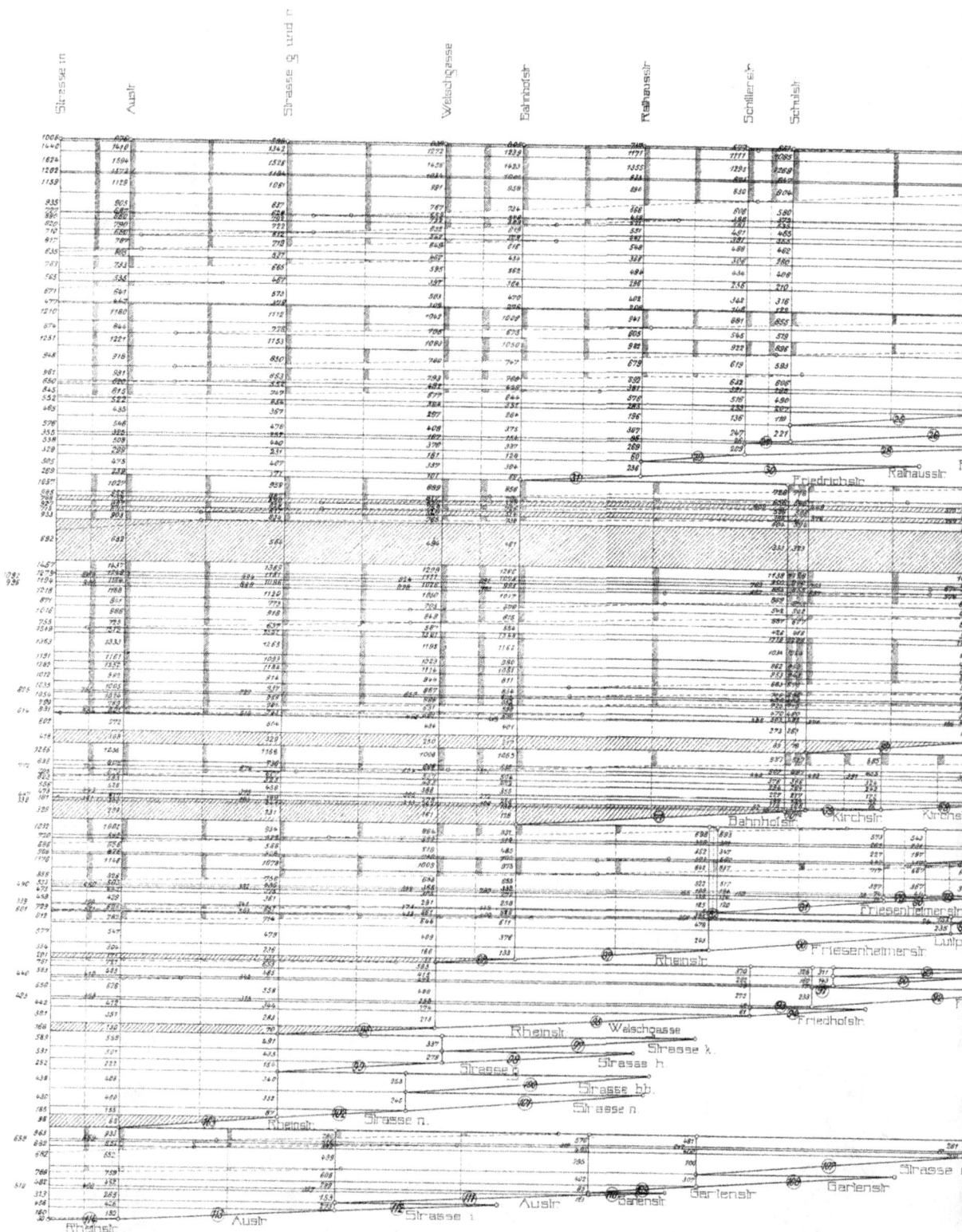

Strasse n Austr Strasse g und r Welschgasse Bahnhofstr Rathausstr Schillerstr Schulstr

Friedrichstr Rathausstr

Bahnhofstr Kirchstr Kirchstr

Friesenheimerstr Lutp

Friesenheimerstr

Rheinstr

Friedhofstr

Rheinstr Welschgasse

Strasse k.

Strasse h.

Strasse bb.

Strasse n.

Rheinstr Strasse n.

Strasse

Gartenstr Gartenstr

Rheinstr Austr Strasse 1 Austr Gartenstr

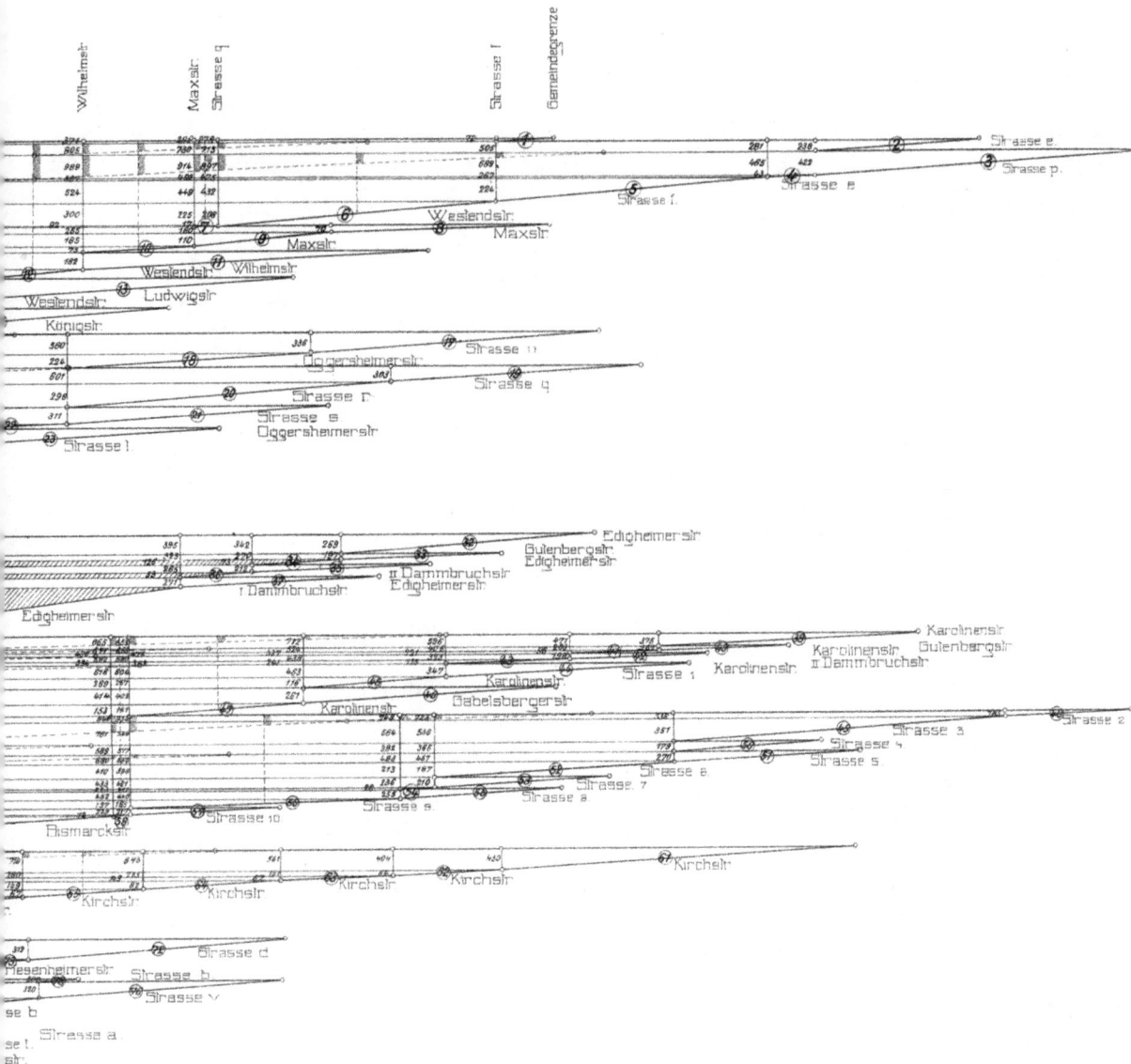

Kanalisation Oppau.

Gebiete, die in den alten Kanal entwässern.

Verzögerungskurve für 10 Minuten Regen.

Verzögerungs-Ordinate - ausscheidende Entwässerungsfläche.

Verlag von R. Oldenbourg, München u. Berlin.

Kanalisation Oppau.

Längenprofil

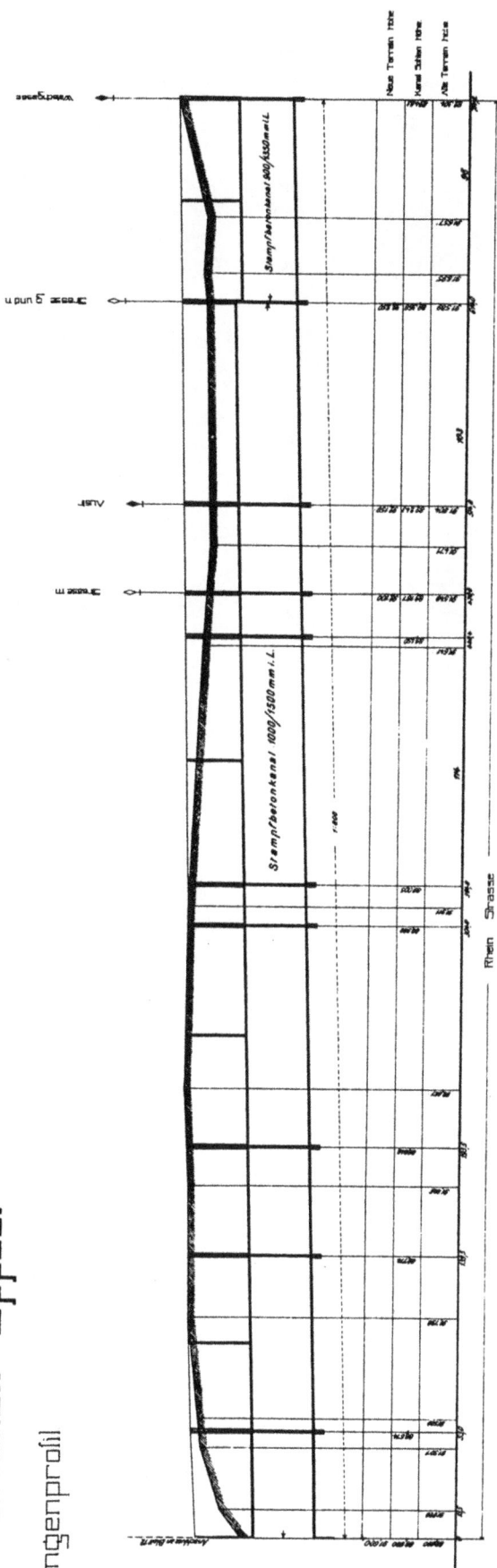

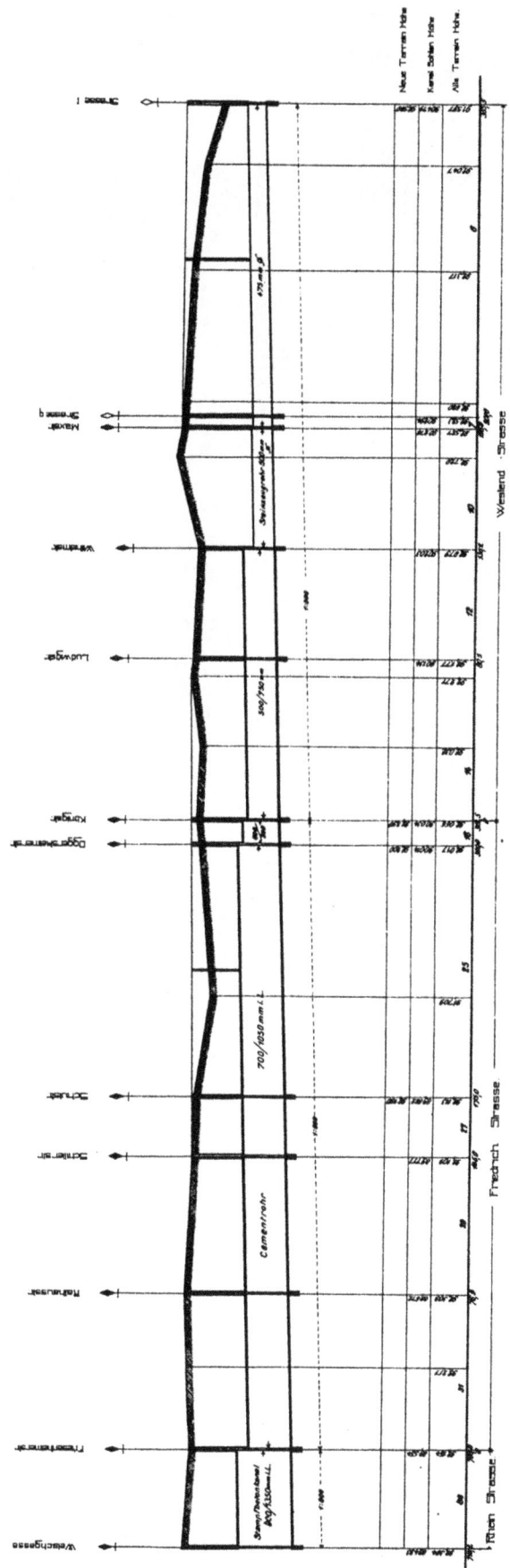

Massstab der Längen 1:8000.
Höhen 1:150

Der Horizont liegt auf +8500 NN

Verlag von R. Oldenbourg, München u. Berlin.

Kanalisation Oppau.

Längenprofil.

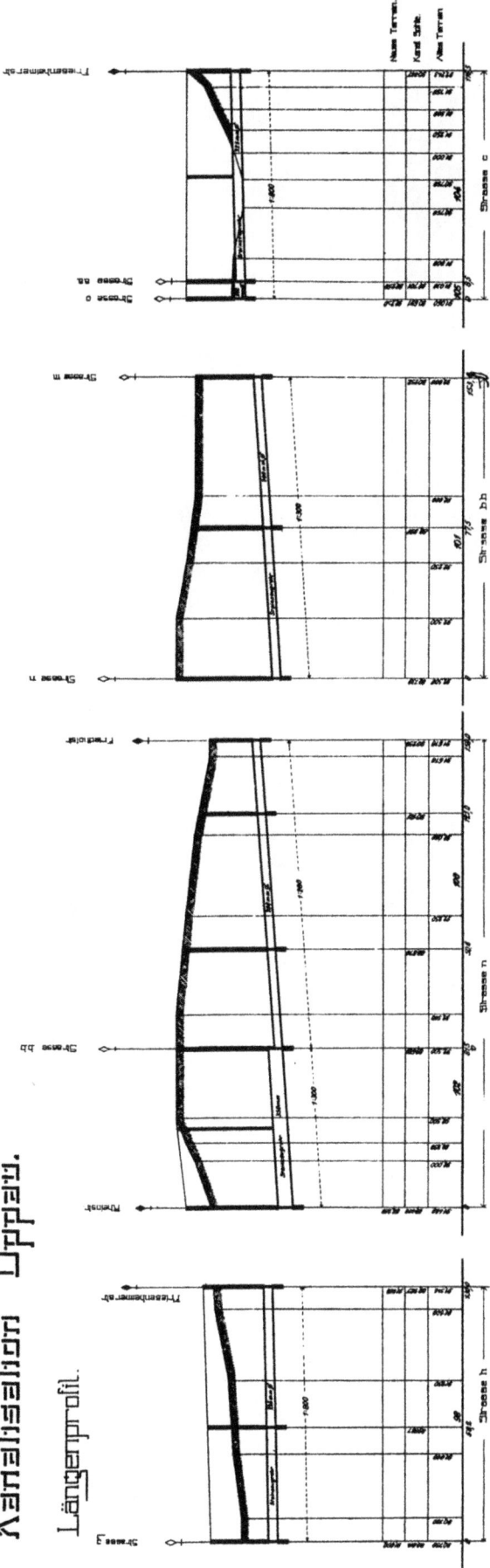

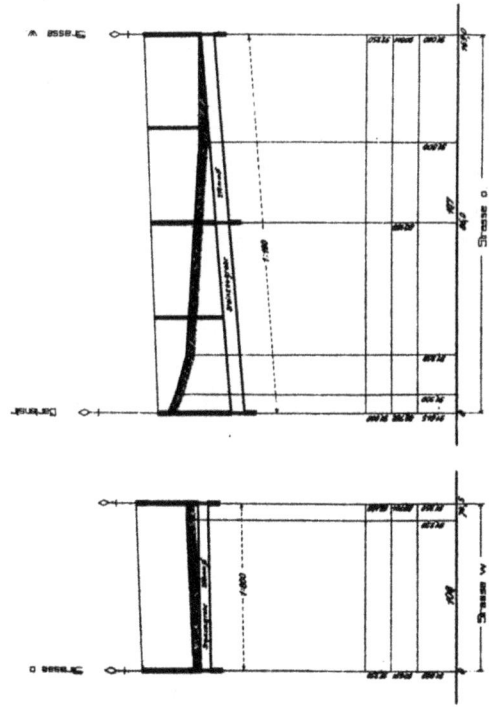

Masstab der Längen 1:5000.
Höhen 1:150

Der Horizont liegt auf +3500 NN

Verlag von R. Oldenbourg, München u. Berlin.

Kanalisation Oppau.

Längenprofile.

Masstab der Längen 1:3000 .
Höhen 1:150 .

Der Horizont liegt auf + 8300 NN.

Verlag von R. Oldenbourg, München u. Berlin.

Kanalisation Oppau.

Längenprofil.

Verlag von R. Oldenbourg, München u. Berlin.

Massstab der Längen 1:5000.
Höhen 1:150

Der Horizont liegt auf + 100 NN

Kanalisation Oppau.

Längenprofil.

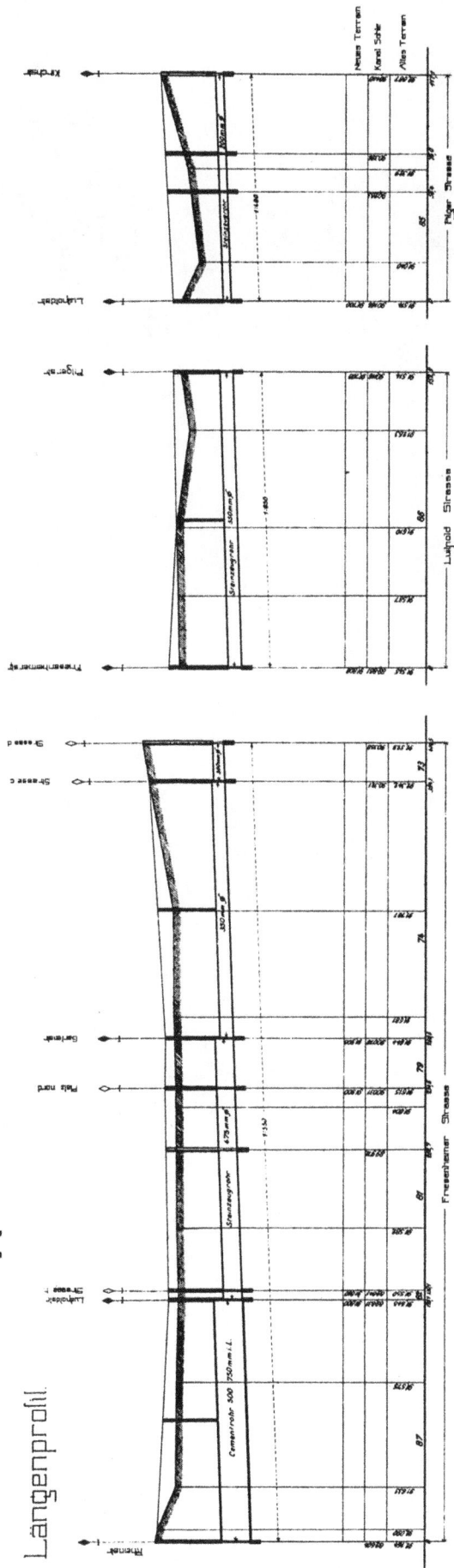

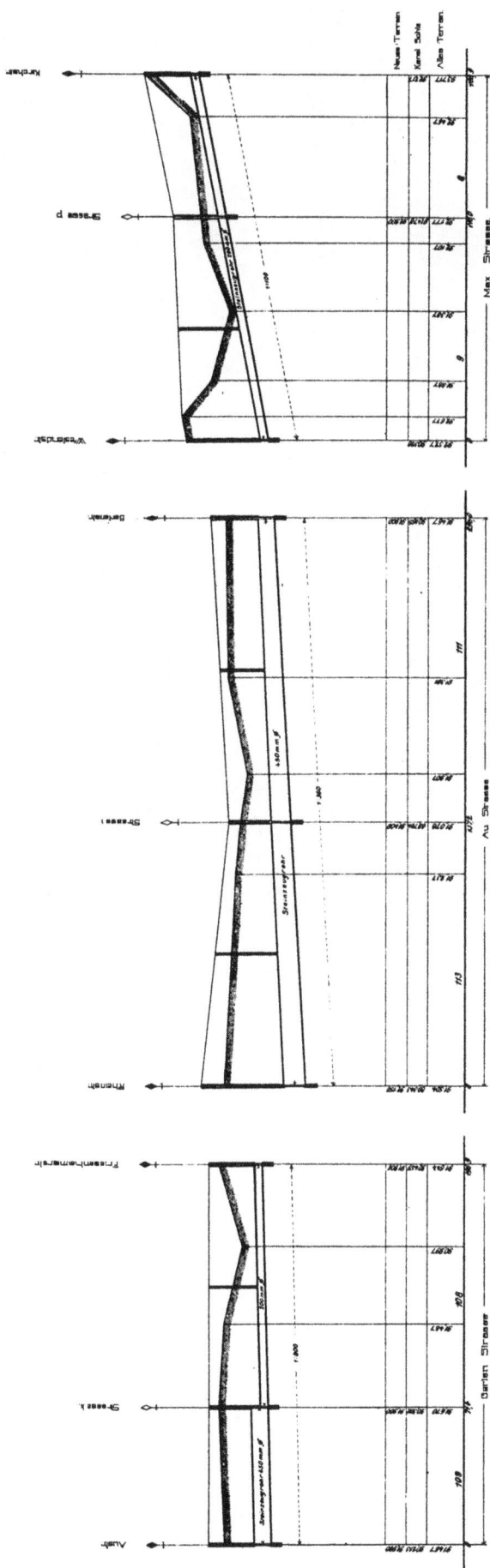

Massstab der Längen 1:3000.
Höhen 1:150.

Der Horizont liegt auf + 85,00 NN.

Verlag von R. Oldenbourg, München u. Berlin.

Kanalisation Oppau.
Längenprofil.

Verlag von R. Oldenbourg, München u. Berlin.

Masstab der Längen 1:3000.
Höhen 1:150

Der Horizont liegt auf +85,00 NN

Kanalisation Oppau.

Längenprofil

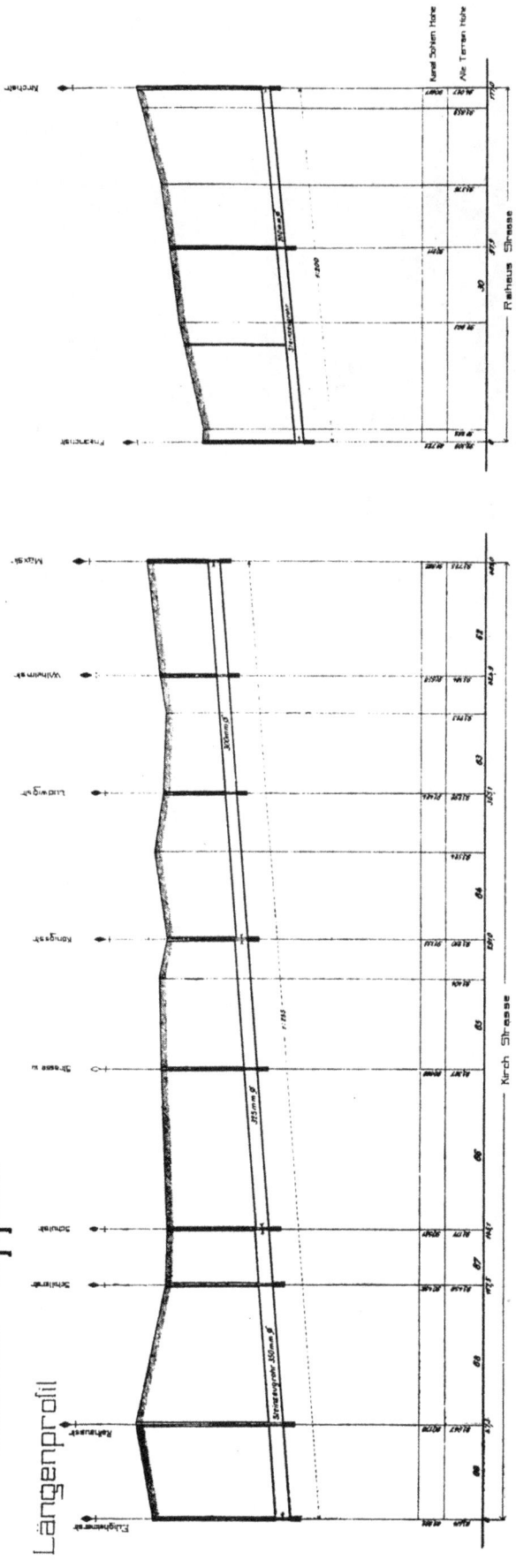

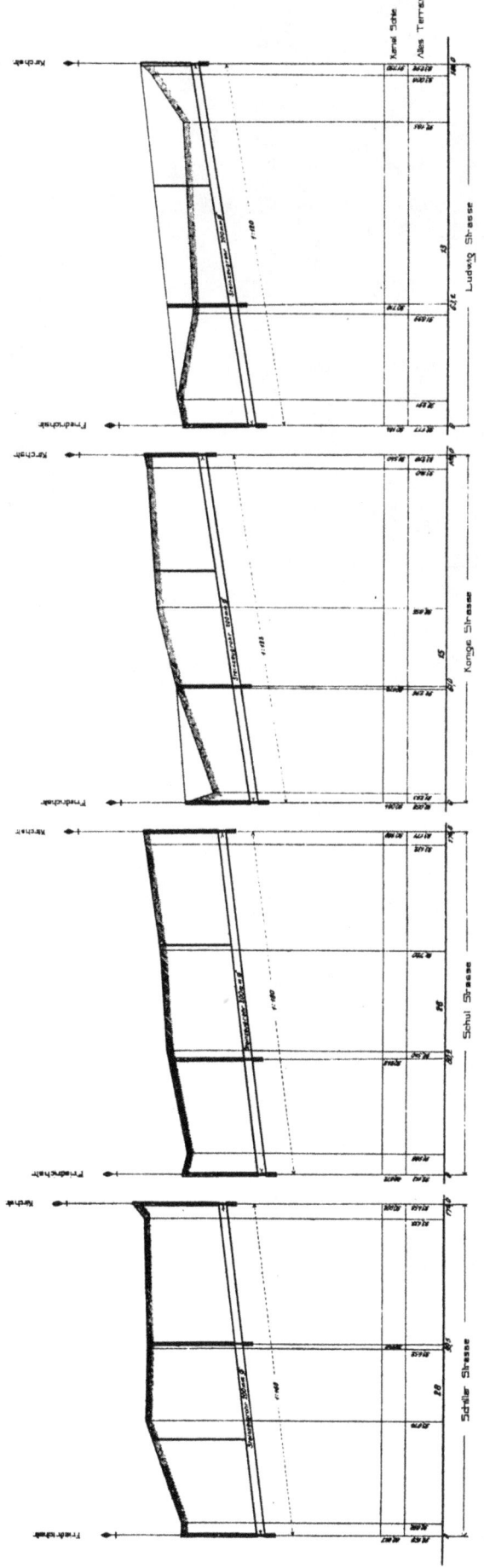

Masstab der Längen 1:5000.
Höhen 1:150

Der Horizont liegt auf + 85.00 NN

Verlag von R. Oldenbourg, München u. Berlin.

Kanalisation Oppau.

Längenprofil

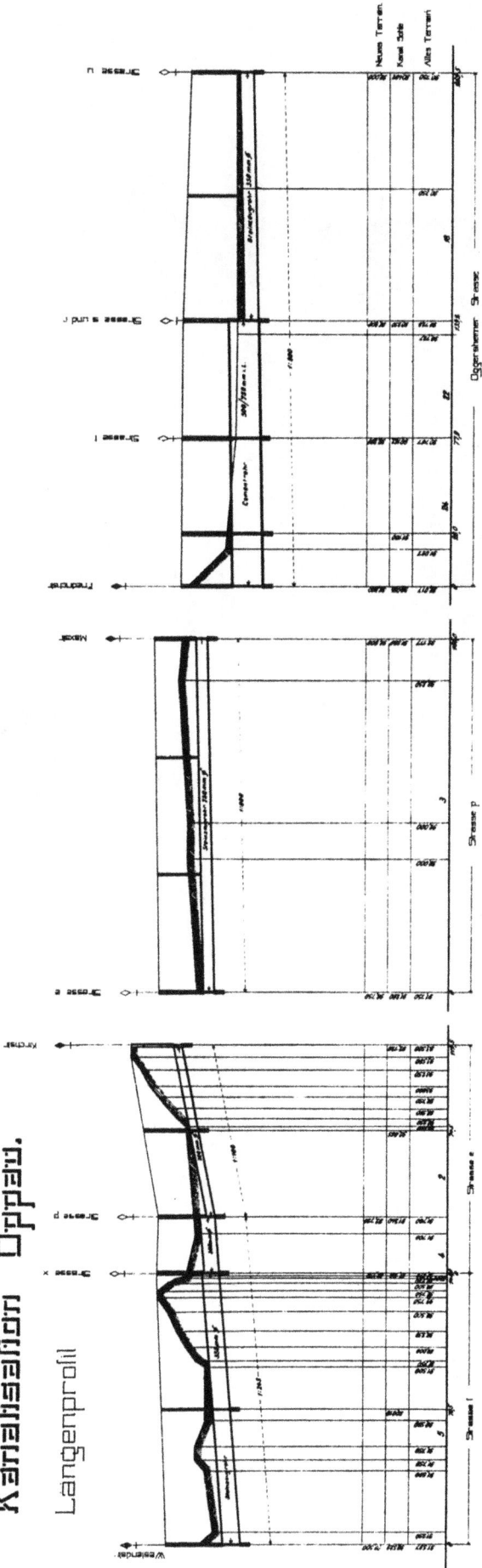

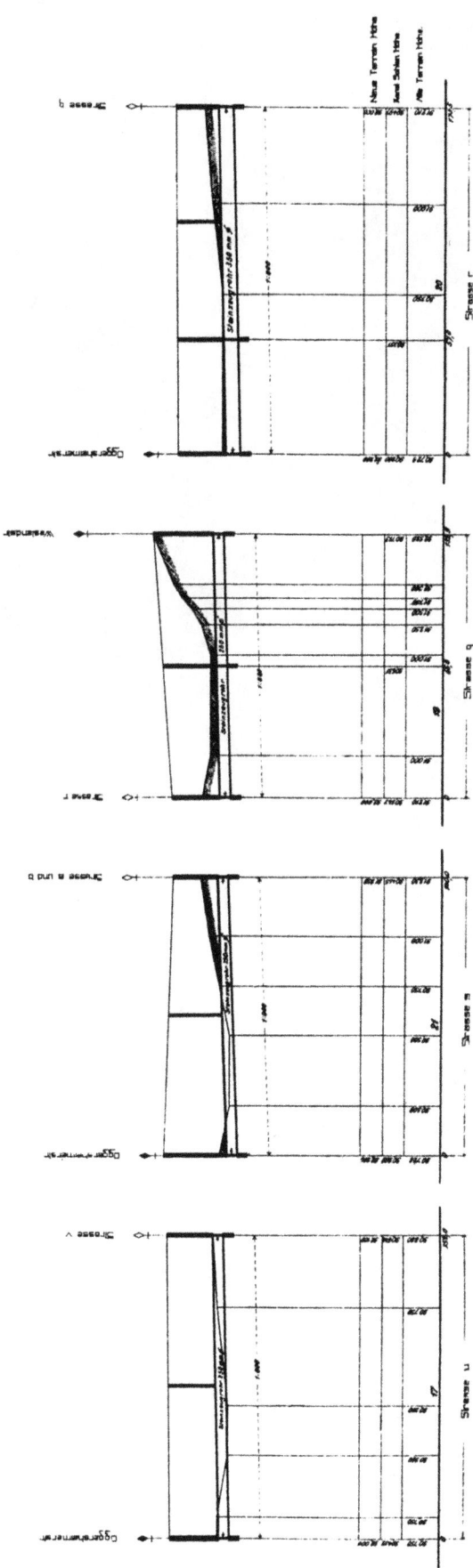

Kanalisation Oppau.

Kanalauslass und
Abwasserreinigungs Anlage.

Querprofile
Massstab 1:300

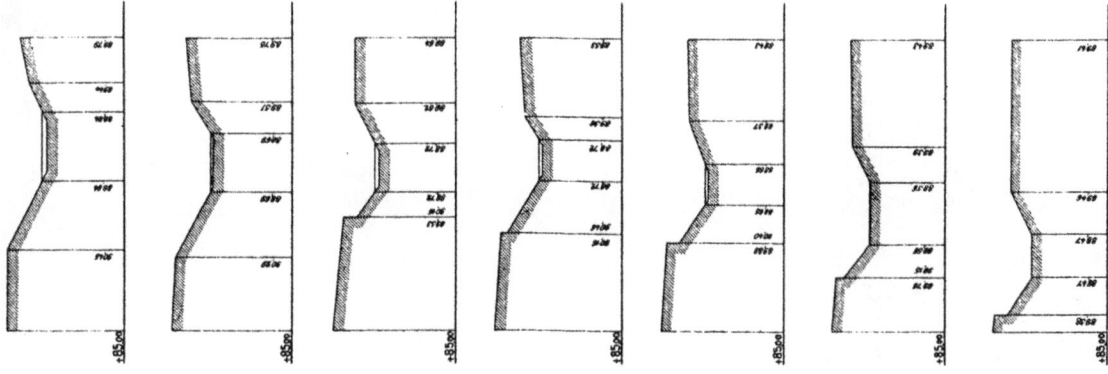

Lageplan

Rückhaltebecken

Pumpen Anlage

Notauslass

Der Kanal muss wird später bis in das Rückhaltebecken verlängert.
Die Linien im Lageplan geben die alten Bauwerke an.

Stampfbetonkanal 100/150.
1:800

Rheinstrasse

nach dem Rhein

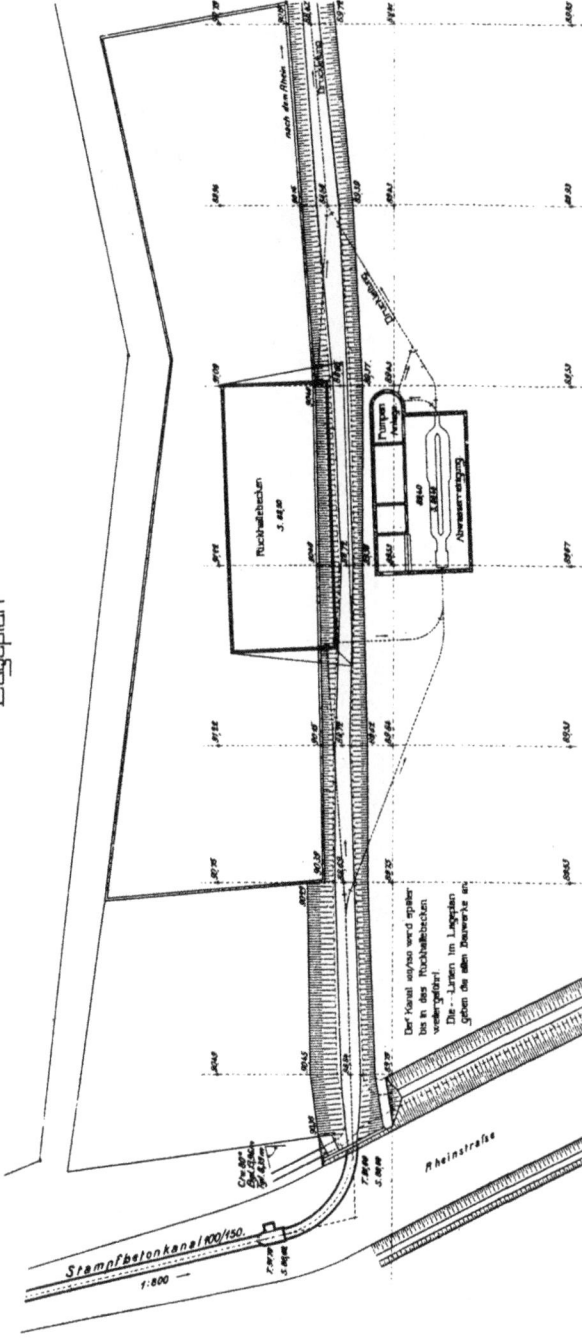

Normal- Grabenprofil:

Berechnung:

$Q = 250$ u l. gegeben
$J = 2:100$
$F = 375$ qm berechnet
$p = 5.2$ m
$G = \frac{F}{p} = 0.7$
$v = 0.65$ m

Längenprofil

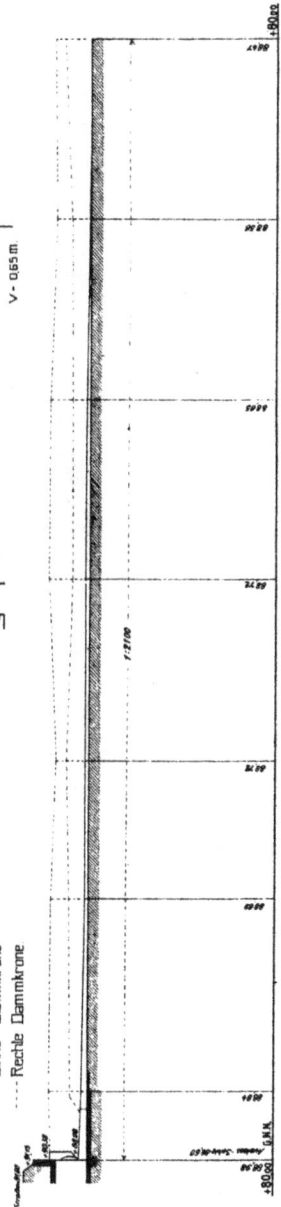

Linke Dammkrone
Rechte Dammkrone

Massstab der Längen 1:750
Höhen 1:300

Verlag von R. Oldenbourg, München u. Berlin.

Kanalisation Oppau.

Graben nach dem Rhein.

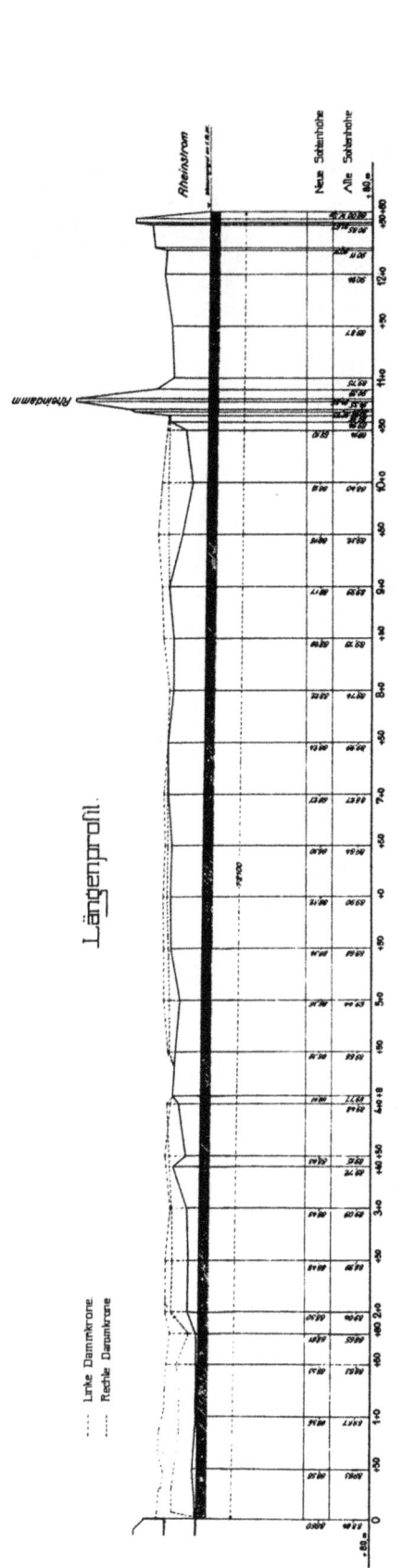

Längenprofil.

Rheinstrom

Rheindamm

‥‥‥ Linke Dammkrone.
‥‥‥ Rechte Dammkrone.

Neue Sohlenhöhe
Alte Sohlenhöhe

Querprofile

Neue Sohlenhöhe
Alte Terrainhöhe

Stat. 1+00   Stat. 1+50   Stat. 2+00   Stat. 3+00   Stat. 4+00+50   Stat. 5+00   Stat. 6+00   Stat. 7+00   Stat. 8+00   Stat. 9+00   Stat. 10+00   Stat. 11+00   Stat. 12+00

Stat. 5+00   Stat. 6+00   Stat. 7+00   Stat. 7+50   Stat. 8+00   Stat. 8+50   Stat. 9+00   Stat. 9+50   Stat. 10+00   Stat. 10+50

Massstab der Längen 1:6000.
Höhen 1:500.

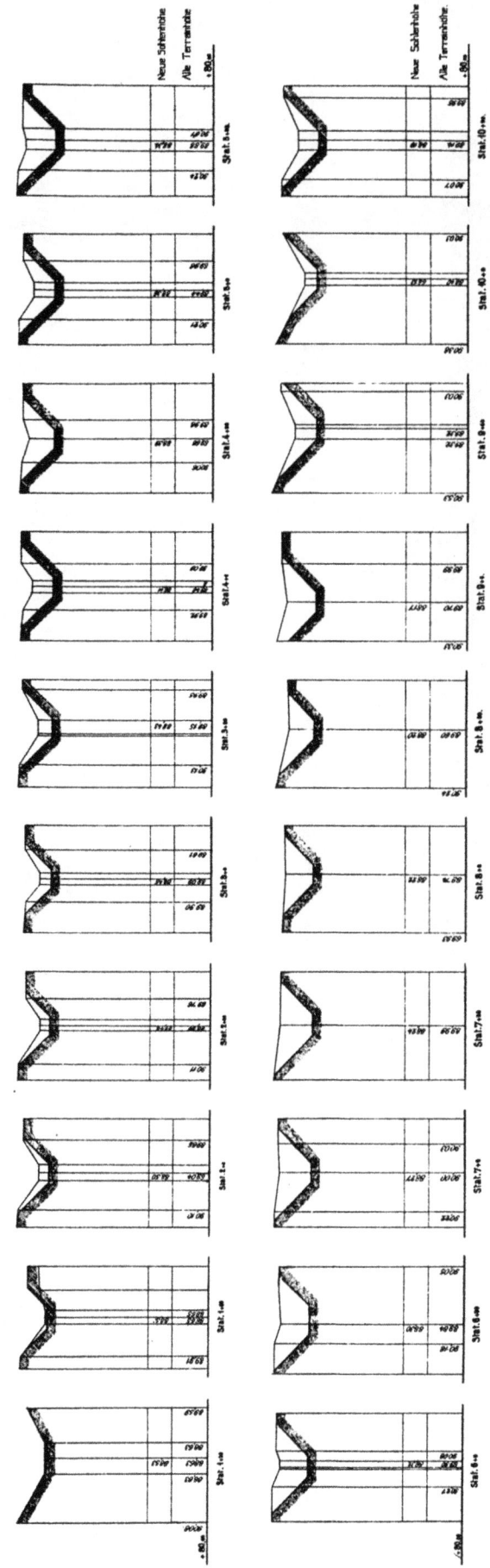

Der Horizont liegt auf + 85,00 NN

Verlag von R. Oldenbourg, München u. Berlin.

Kanalisation Oppau

Normal-Schacht

Fig c.

Schacht-deckel.
M 1:20

Schnitt e-f

Schacht
Verdeckliche Länge

Schnitt c-d

Massstab 1:40.

Schnitt a-b

Draufsicht.

Rheinsohle	chm					
Sohlenmauerw.	CH4	3.12 Stk	2361	1.74 qm	Steigeisen Paralleleis	4.0 Stk.
Schacht aufmauern		1 Stk. Betonring				3 Stk.
Hals		1 Beton rohr				2 "
Aufmauerung		0.15				
Schachtdeckel		Münchener Modell 1 Stk				
Planie		11.63 qm				

Verlag von R. Oldenbourg, München u. Berlin.

Fig a.

Schnitt a-b

Fallrohre in gleicher Weite bis über Dach.

Vorzuschreiben ist Ventilation der Fallrohre oder nicht leersaugender Syphon.

Massstab 1:200

Kanalisation Oppau. Normalplan einer einfachen Hausentwässerung ohne Abort.

Strassenkanal

Fig b.

Gefälle 1:20-1:50

Vorzuschreiben ist Ventilation der Fallrohre oder nicht leersaugender Syphon.

Strassenkanal

Massstab 1:200

www.ingramcontent.com/pod-product-compliance
Lightning Source LLC
Chambersburg PA
CBHW081426190326
41458CB00020B/6110